MATLAB App Designer

机械振动分析与应用

陆爽　郭国强　编著

化学工业出版社
· 北京 ·

内容简介

本书从机械振动学的基本理论知识入手，采用“应用案例+ MATLAB”模式，介绍了机械振动分析的数字化计算、设计和 MATLAB App Designer 仿真应用等内容。全书分为 4 章，涵盖单自由度线性系统振动分析 MATLAB App 仿真、多自由度线性系统振动分析 MATLAB App 仿真、随机激励下线性系统振动分析 MATLAB App 仿真及机械振动应用案例 MATLAB App 仿真。书中给出了每个机械振动应用案例的 MATLAB App Designer 源程序，并对每个源程序进行了详细的解释。

本书可供机械工程、航空航天、水利、能源与动力等领域工程技术人员学习使用，也可作为高等院校相关专业师生的参考书。

图书在版编目（CIP）数据

MATLAB App Designer 机械振动分析与应用 / 陆爽，郭国强编著. --北京：化学工业出版社，2025. 8.
ISBN 978-7-122-48118-4

Ⅰ. TH113. 1

中国国家版本馆 CIP 数据核字第 2025KZ2976 号

责任编辑：金林茹　　文字编辑：孙月蓉
责任校对：宋　玮　　装帧设计：王晓宇

出版发行：化学工业出版社
（北京市东城区青年湖南街 13 号　邮政编码 100011）
印　　装：河北鑫兆源印刷有限公司
787mm×1092mm　1/16　印张 11¼　字数 255 千字
2025 年 10 月北京第 1 版第 1 次印刷

购书咨询：010-64518888　　售后服务：010-64518899
网　　址：http://www.cip.com.cn
凡购买本书，如有缺损质量问题，本社销售中心负责调换。

定　　价：69.00 元

前言

PREFACE

随着数字化和智能化制造的发展，工程问题数字化设计方法深入到每一个专业领域。比如学习机械振动理论的学生必须在数字化制造方面具备一定的功底，即具备对所学专业理论知识的数字化设计、数字化计算和数字化仿真能力。具备了这些数字化能力，也就具备了在未来职场的竞争力。MATLAB/Simulink 拥有上百个面向不同专业领域的工具箱，是集科学与工程的数值和符号计算、数据验证测试、实验仿真和工程优化等于一体的大型综合科学与技术应用工具软件，目前已经被广泛应用于高等院校理工科专业的科学计算、工程设计和实验仿真。同时该软件也是学生和教师、科研人员和工程技术人员探索先进科学技术并且将其深度融合于科技应用创新实践中的必备工具软件之一。

振动分析理论是智能制造、机械工程、航空航天、水利工程、能源与动力工程、交通工程和土木工程等领域重要的专业基础理论，同时也是应用性极强的学科理论。随着工业产品向高、精、尖方向发展，机械结构的振动问题日益突出，成为产品设计中必须考虑的问题，这就要求工程师应当具备机械振动基本知识。然而理解和掌握机械振动的基本概念、基本理论和应用方法需要以高等数学、工程数学、理论力学、材料力学和控制工程等多种学科知识为基础，且这些综合知识对于学生而言是不容易理解和掌握的。特别是在遇到具体的振动分析问题时常常感到无从下手，建立振动运动微分方程后手工计算又相当烦琐且物理直观性较差，甚至在某些复杂情况下手工计算根本无法完成。

笔者从事高等教育工作几十年，面对教学改革中理论课学时日益减少、实验课仪器设备日益更新等条件限制问题，一直倡导以 MATLAB 为主要教学辅助工具，将其用于解决课程学习中科学计算、工程设计与实验仿真的问题。实践证明，采用“应用案例＋MATLAB”模式，不但可以帮助学生用软件计算机械振动分析案例，而且可以用 MATLAB 实现数字化设计、计算和仿真。学生在课程学习过程中可以建立一整套基于 MATLAB 的数字化设计、计算和仿真的数字系统。

本书强调机械振动分析的数字化计算、设计和 MATLAB App Designer 仿真技术的应用，特别是采用 MATLAB App Designer 交互式振动设计仿真的内容，在目前国内出版的机械振动理论分析类著作或教材中鲜有涉及。MATLAB App Designer 入门容易却难以精通，而通过应用案例进行学习是快速理解和掌握机械振动理论及应用、掌握 MATLAB App Designer 直观交互仿真设计的最佳方法。

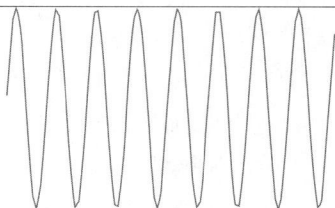

本书结合笔者多年来在机械振动方面的科研实践、教学实践积累的应用案例撰写而成。本书共分 4 章，第 1～3 章分别介绍单自由度线性系统振动分析、多自由度线性系统振动分析、随机激励下线性系统振动分析，第 4 章重点介绍机械振动应用案例。另外，书中各章都安排了针对具体问题的机械振动应用案例的 MATLAB App 应用仿真详解，特别在第 4 章中涉及了金属切削机床加工颤振、动力吸振器、车辆悬架振动和曲轴磨床振动四个领域，详解了这些领域中的应用案例并给出了 MATLAB App Designer 设计仿真结果的全部源程序和详细的编程指导。

纵观本书，其突出特色是：重点突出、层次明晰、简明精练、淡化理论、案例实用、编程精细、学以致用、易于借鉴、振动 MATLAB App 国内鲜有。

本书可以作为有关工程技术人员的设计参考资料，也可以作为高等院校智能制造工程、机械工程、航空航天工程、水利工程、能源与动力工程、交通工程和土木工程等相关专业师生的振动分析参考资料，使读者具备机械振动分析数字化计算、设计与仿真能力。

在本书的编撰过程中，笔者参考和借鉴了国内外著作、教材与文献资料，在此谨向这些精品资料的作者表示由衷的敬意和衷心的感谢！同时，感谢浙江师范大学行知学院工学院李新辉老师为本书绘制了部分图形。

由于笔者水平有限，书中疏漏之处在所难免，恳请各方面专家和读者不吝赐教。

编著者

扫码获取程序源代码

目录

CONTENTS

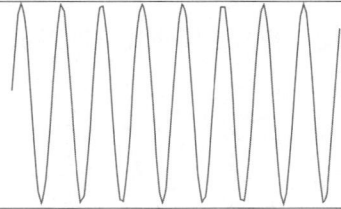

第1章 单自由度线性系统振动分析MATLAB App仿真

单自由度振动系统是指仅用一个独立参量便可以确定质点运动位置（线位移或角位移等）的系统，它是振动分析中最简单和最基本的系统。这种系统在振动分析中的重要性，一方面在于，许多工程应用中的振动系统都可以简化为一个单自由度振动系统，从而可以利用对单自由度系统的分析得出此振动系统的一些初步结论，并且该结论有时还是工程上可以接受的近似结果。另一方面在于，单自由度振动系统的知识是进行多自由度振动系统、连续振动系统、随机振动系统和非线性振动系统振动分析的基础。

对大多数振动问题，可以按牛顿定律或拉格朗日方程来建立系统的运动微分方程。

图 1-1 为三种典型的质量弹簧阻尼振动系统力学模型。质量块 m 用一个独立坐标 $x(t)$ 就可以确定其在任意时刻离开平衡点的位置，因此图 1-1 所示三个系统都可以称为单自由度振动系统。

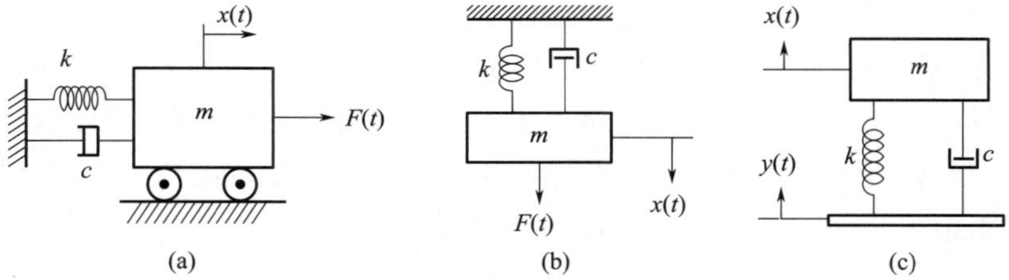

图 1-1 典型单自由度振动系统力学模型

如图 1-1(a) 和(b) 所示，振动系统受外力 $F(t)$ 激励的作用引起质量块 m 产生了位移 $x(t)$，可以用一个二阶非齐次常微分方程描述它的运动规律。

按牛顿定律质点受力平衡原理列出振动系统运动微分方程为

$$m\ddot{x}(t)+c\dot{x}(t)+kx(t)=F(t) \tag{1-1}$$

当振动系统的质量 m、阻尼系数 c、刚度 k 皆为常数时，则称微分方程［式(1-1)］为二阶常系数非齐次线性微分方程，用此方程表示的系统可以称为单自由度线性振动系统。

如图 1-1(c) 所示，振动系统由于基础位移 $y(t)$ 激励的作用引起质量块 m 产生了位移 $x(t)$，也可以用一个二阶常系数非齐次线性微分方程［式(1-2)］描述它的运动规律。

按牛顿定律质点受力平衡原理列出振动系统运动微分方程为

$$m\ddot{x}(t)+c[\dot{x}(t)-\dot{y}(t)]+k[x(t)-y(t)]=0 \tag{1-2}$$

机械振动分析中的一些常用术语如下。

（1）质量元件

在振动系统中，质量元件（或称质量块、质块）对于外力作用的响应，表现为一定的与加速度成正比的惯性力 F_m，即 $F_m=m\ddot{x}$，其动能为 $T=\frac{1}{2}m\dot{x}^2$。质量元件常用 m 表示，其单位通常为 kg、$N\cdot s^2/m$ 或 $N\cdot s^2/mm$。

（2）弹性元件

在振动系统中，弹性元件（或称弹簧）对于外力作用的响应，表现为一定的与位移成比例的弹性力 F_s，即 $F_s=kx$，其势能为 $V=\frac{1}{2}kx^2$。弹簧刚度常用 k 表示，其单位通常为 N/m、N/cm 或 N/mm。工程中的许多构件在一定的受力范围之内弹性力与变形之间具有线性关系。

（3）阻尼元件

在振动系统中，阻尼元件（或称阻尼器）由于外部作用产生的阻尼力，表现为其端点的一定位移的速度的阻尼力 F_d，即 $F_d=c\dot{x}$。任意两点 x_1 和 x_2 之间黏性阻尼力所做的功为 $W=-\int_{x_1}^{x_2}c\dot{x}\,dx$。阻尼系数常用 c 表示，其单位通常为 $N\cdot s/m$、$N\cdot s/cm$ 或 $N\cdot s/mm$。阻尼系数是使阻尼器产生单位速度所需施加的力，阻尼力的方向总是与速度的方向相反。与速度成正比的阻尼称为黏性阻尼，又称线性阻尼。

（4）振动系统三要素

机械系统之所以会产生振动，是因为它本身有质量和弹性，而系统中的阻尼会使振动受到抑制。从能量的角度看，质量可以存储动能，弹性体可以存储势能，阻尼则消耗能量。当外界对系统做功时，系统的质量就吸收动能，使质量获得速度，而弹性体获得势能且具有使质量回归到原来位置的能力。如果系统外部没有不断地输入能量，则在阻尼力的作用下系统的振动将逐渐衰减直至消失。质量、弹性体（弹簧）和阻尼被称为振动系统的三要素。

（5）运动量

运动量是时间的函数。振动中的基本运动量一般用位移（向量）表示，较少用速度或加速度。位移总是相对于参考点而言的，一般选取惯性参照系中的静止点作为位移参考点。在振动系统中，往往选取质点的平衡位置作为位移参考点（本书中的应用案例一般用平衡位置作为参考点），偏离参考点的距离便是位移的大小。

（6）外激振力

一般的外激振力可以是周期性的（简谐或非简谐的），也可以是非周期性的或随机的。非周期性的力可以作用在短时间内或长时间内。如果激振力作用的时间与振动系统的固有周期时间相比很短，那么这种激振力就称为冲击力。

（7）线性系统

若图 1-1 所示振动系统中的 m、k、c 为常数，能用二阶常系数非齐次线性微分方程来描述，则该振动系统被称为线性系统。工程中小范围内的振动问题往往属于线性系统问题。

（8）自由振动

振动系统在没有外部激振力作用下，仅受三种初始条件［初始位移 $x(t_0) \neq 0$、初始速度 $\dot{x}(t_0) \neq 0$、初始位移 $x(t_0) \neq 0$ 和初始速度 $\dot{x}(t_0) \neq 0$］之一的激励所引起的振动称为自由振动。

（9）强迫振动

振动系统由于受外部激励条件［图 1-1(a)、(b) 中的 $F(t)$ 或图 1-1(c) 中的 $y(t)$］的作用所引起质量块的振动称为强迫振动。

（10）简谐振动

随时间按余弦或正弦规律进行的振动（或运动），称为简谐振动（或简谐运动）。简谐振动是最基本和最简单的机械振动，它可以作为研究更加复杂系统振动的基础。许多复杂的振动或运动按傅里叶变换都可以分解为若干个简谐振动的叠加。

（11）自激振动

自激振动是振动系统在外界偶然因素激励下所产生的振动，例如与切削过程密切相关的自激振动（切削颤振），且其维持自激振动的能量来自振动系统本身而不是外部激励。

本章介绍单自由度线性系统的自由振动和强迫振动及其 MATLAB App 设计仿真。

1.1 单自由度线性系统自由振动

如果一个系统只在初始时受到外界扰动，例如，用力将质量弹簧系统中的质量块偏离平衡位置后突然释放，或者给质量块以突然一击使之得到一个初速度，此后该系统并不受到其他外力的作用而发生振动，这种振动被称为自由振动。

单自由度线性系统自由振动问题虽然比强迫振动问题简单，但系统的自由振动反映了机械系统内部结构的所有信息，是研究系统强迫振动的基础。

本节介绍单自由度线性系统的自由振动及其 MATLAB App 设计仿真。

1.1.1 无阻尼自由振动系统

（1）无阻尼振动系统的自由振动

单自由度线性振动系统微分方程［式(1-1)］中，当阻尼系数 $c=0$、外加激振力 $F(t)=0$ 时，外界对系统没有持续的激励作用，但此时系统仍然可以在三种初始条件［初始位移 $x(t_0) \neq 0$、初始速度 $\dot{x}(t_0) \neq 0$、初始位移 $x(t_0) \neq 0$ 和初始速度 $\dot{x}(t_0) \neq 0$］的任意一种条件作用下发生振动。由于质量块在振动过程中没有阻尼耗能元件，该运动的最大振幅将不随时间而变化，是一个常量，因而称系统为单自由度无阻尼线性自由振动系统。

无阻尼线性自由振动系统运动微分方程为

$$m\ddot{x}(t)+kx(t)=0 \tag{1-3a}$$

标准形式为

$$\ddot{x}(t)+\omega_n^2x(t)=0 \tag{1-3b}$$

式中

$$\omega_n^2=k/m \tag{1-4a}$$

$$\omega_n=\sqrt{k/m} \tag{1-4b}$$

又有

$$f_n=1/T=\omega_n/(2\pi) \tag{1-4c}$$

$$T=1/f_n=2\pi/\omega_n \tag{1-4d}$$

式中，ω_n 为系统无阻尼固有角频率（也称自然频率），rad/s；f_n 为工程无阻尼固有频率，Hz；T 为振动的周期时间，s。

式(1-3）为二阶常系数齐次线性微分方程，其通解为

$$x(t)=X_1\cos(\omega_n t)+X_2\sin(\omega_n t) \tag{1-5}$$

式中，X_1、X_2 是由初始条件确定的常数。

设初始位移为 $x(0)=x_0$，初始速度为 $\dot{x}(0)=v_0$，代入式(1-5）中，可求出

$$X_1=x_0;X_2=v_0/\omega_n$$

将 X_1、X_2 代入式（1-5）中，可得

$$x(t)=x_0\cos(\omega_n t)+\frac{v_0}{\omega_n}\sin(\omega_n t) \tag{1-6}$$

上式也可以改写为

$$x(t)=X\cos(\omega_n t-\psi) \tag{1-7a}$$

或

$$x(t)=X\sin(\omega_n t+\psi) \tag{1-7b}$$

式中，X 为振幅；ψ 为初相位，且

$$X=\sqrt{X_1^2+X_2^2}=\sqrt{x_0^2+(v_0/\omega_n)^2} \tag{1-8}$$

$$\psi=\arctan\frac{v_0}{\omega_n x_0} \tag{1-9}$$

综上所述，单自由度无阻尼线性自由振动系统的一些重要特性如下。

① 单自由度无阻尼线性振动系统的自由振动是以正弦函数或余弦函数（统称为谐波函数）表示的振动，常常也被称为简谐振动，这种系统又可称为谐振子。

② 自由振动的角频率即固有角频率 ω_n，仅由系统本身的参数 m、k 所确定，与外界激励、初始位移和初始速度均无关。

③ 自由振动的振幅 X 和初相位 ψ 由初始条件确定。

④ 单自由度无阻尼线性振动系统的自由振动是等幅振动，这是一种理想的振动情况。

（2）建立单自由度无阻尼自由振动系统 MATLAB 数值解子函数

创建由 MATLAB 函数 ode45 调用的 MATLAB App 子函数：

```
[t,y]=ode45(@ exam1_1_fun,[0:0.05:tfinal],y0);                %函数调用格式
function ydot=exam1_1_fun(t,y)                                 % 子函数
```

```
m=app.m;k=app.k;                                    % 私有属性
ydot=[y(2);-(k/m)*y(1)];                            % 式(1-3b)
end
```

1.1.2 无阻尼自由振动系统 MATLAB App 仿真

【仿真 1-1】 设图 1-1(a) 中 $F(t)=0$，$c=0$。已知系统的质量 m、弹簧刚度 k、初始位移 x_0 和初始速度 v_0。建立单自由度无阻尼自由振动系统的 MATLAB App 仿真。

（1）MATLAB App 窗口设计

单自由度无阻尼自由振动系统 MATLAB App 仿真窗口，如图 1-2 所示。

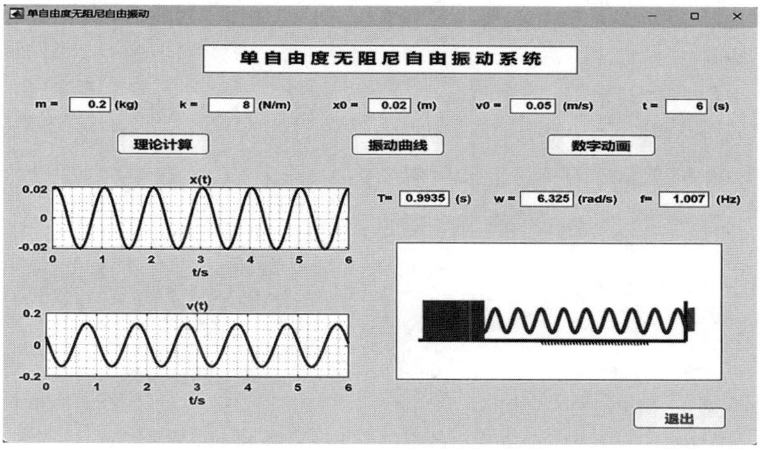

图 1-2　单自由度质量弹簧无阻尼自由振动系统 MATLAB App 仿真

（2）MATLAB App 窗口程序设计（appLU_Exam1_1）

① 私有属性创建：

```
properties(Access=private)
  % 私有属性具体含义见程序
  t;y;m;k;x0;v0;x;tfinal;
end
```

② 设置窗口启动回调函数：

```
app.Button_6.Enable='off';                          % 屏蔽【振动曲线】
app.Button_3.Enable='off';                          % 屏蔽【数字动画】
app.wEditField.Value=0;                             % 固有角频率显示清零
app.fEditField.Value=0;                             % 固有频率显示清零
app.TEditField.Value=0;                             % 周期显示清零
```

③【理论计算】回调函数：

```
app.m=app.mEditField.Value;                         % m-质量
```

```
m=app.m;
app.k=app.kEditField.Value;                     % k-弹簧刚度
k=app.k;
app.x0=app.x0EditField.Value;                   % x0-初始位移
x0=app.x0;
app.v0=app.v0EditField.Value;                   % v0-初始速度
v0=app.v0;
app.tfinal=app.tEditField.Value;                % tfinal-总仿真时间
tfinal=app.tfinal;
y0=[x0,v0];                                     % 初始条件
[t,y]=ode45(@ exam1_1_fun,[0:0.05:tfinal],y0);  % 运动微分方程求解
app.t=t;app.y=y;                                % 私有属性
app.Button_6.Enable='on';                       % 开启【振动曲线】
app.Button_3.Enable='on';                       % 开启【数字动画】
% 运动微分方程-子函数
function ydot=exam1_1_fun(t,y)
m=app.m;
k=app.k;
ydot=[y(2);-(k/m)*y(1)];
end
w=sqrt(k/m);                                    % 固有角频率
app.wEditField.Value=w;                         % 固有角频率 w 显示
f=w/(2*pi);
app.fEditField.Value=f;                         % 固有频率 f 显示
T=2*pi*sqrt(m/k);
app.TEditField.Value=T;                         % 振动周期 T 显示
```

④【振动曲线】回调函数:

```
t=app.t;y=app.y;                                % 私有属性
cla(app.UIAxes);cla(app.UIAxes_2)               % 清除原有图形
plot(app.UIAxes,t,y(:,1),'k',"LineWidth",2)     % x(t)-振动位移曲线
xlabel(app.UIAxes,'t/s');title(app.UIAxes,'x(t)')
plot(app.UIAxes_2,t,y(:,2),'b',"LineWidth",2)   % v(t)-振动速度曲线
xlabel(app.UIAxes_2,'t/s');title(app.UIAxes_2,'v(t)')
```

⑤【数字动画】回调函数:

```
t=app.t;y=app.y;m=app.m;                        %私有属性
k=app.k;x0=app.x0;v0=app.v0;                    % 私有属性
l=25;                                           % l-弹簧长度
x=-l-y(:,1)*100;                                % x-初始位置坐标
cla(app.UIAxes_4)                               % 清除图形
```

```
axis(app.UIAxes_4,[-(1.6*l+x0)5-34]);                         % 动画仿真范围
line(app.UIAxes_4,[0,0],[1,-1],'color','k','linewidth',3);     % 黑色垂直固定地面
line(app.UIAxes_4,[0,-37],[-1,-1],'color','k','linewidth',3);
                                                               % 黑色水平固定地面
% 绘制垂直地面剖面线
a20=linspace(-0.5,0.7,15);                                     % 地面长度线性取点数
for i=1:14                                                     % 设置地面剖面线间隔
a30=(a20(i)+a20(i+1))/2;                                       % 设置剖面线斜率
line(app.UIAxes_4,[0,1.2],[a20(i),a30],'color','b','linestyle','-','linewidth',1);
end
% 绘制蓝色地面斜线
a20=linspace(-20,-5,35);                        %地面长度(从-20~ -5 区间)取点数 35
for i=1:34                                      % 取 34 个点绘制地面剖面线
a30=(a20(i)+a20(i+1))/2;                        % 设置剖面线斜率
line(app.UIAxes_4,[a20(i),a30],[-1,-1.2],'color','b','linestyle','-','linewidth',1);
end
yt1=(x(1)+0.06*l):0.3:0;                        % 弹簧 y 方向坐标数据
xt1=0.9*sin(2*yt1);                             % 弹簧 x 方向坐标数据
tanhuang=line(app.UIAxes_4,xt1,yt1,'color','b','linewidth',3);
                                                % 弹簧句柄
ban=line(app.UIAxes_4,[-l,-l],[-1.2,1.2],'color','b','linewidth',50);
                                                % 质量块句柄
% 弹簧动画
n=length(y);                                    % 获取数据长度
for i=1:n
xt1=x(i)-2:0.1:0.2;                             % 弹簧 x 方向范围
yt1=0.6*sin(2*(xt1-x(i))*(-x(1))/(-x(i)));      % 弹簧 y 方向范围
set(tanhuang,'xdata',xt1,'ydata',yt1);
% 质量块动画
set(ban,'xdata',[(x(i)+x0-5),(x(i)+x0-5)],'ydata',[-1,1]);
drawnow
end
```

⑥ **【退出】回调函数：**

```
sel=questdlg('确认关闭应用程序? ','关闭确认,','Yes','No','No');
switch sel
case'Yes'
delete(app)
case'No'
end
```

1.1.3 有阻尼自由振动系统

（1）有阻尼振动系统的自由振动

振动系统的无阻尼振动是对工程实际问题的理论抽象。实际机械系统中，总是存在各种阻尼力。阻尼力的机理比较复杂，迄今为止对它的研究还不充分。一般的振动系统分析计算时，往往采用黏性（线性）阻尼模型，即各种阻尼力简化为与振动体的运动速度成正比。最典型的黏性阻尼的例子包括滑动面之间的油膜、活塞气缸周围的流体绕流以及轴承与滚珠之间的油膜等。

单自由度线性振动系统微分方程［式(1-1)］中，当 $F(t)=0$ 而 $c\neq 0$ 时，表示外界对系统没有持续的激励作用，但此时系统仍然可以在 $x(t_0)\neq 0$、$\dot{x}(t_0)\neq 0$、$x(t_0)\neq 0$ 和 $\dot{x}(t_0)\neq 0$ 任意一种初始条件作用下发生有阻尼的自由振动。

有阻尼线性自由振动系统运动微分方程为

$$m\ddot{x}(t)+c\dot{x}(t)+kx(t)=0 \tag{1-10a}$$

标准形式为

$$\ddot{x}(t)+2\zeta\omega_n\dot{x}(t)+\omega_n^2x(t)=0 \tag{1-10b}$$

式中

$$\omega_n=\sqrt{k/m} \tag{1-11}$$

$$\zeta=\frac{c}{2\sqrt{km}}=\frac{c}{2m\omega_n} \tag{1-12}$$

ζ 称为黏滞阻尼因子、黏性阻尼率或线性阻尼率，简称阻尼率，它是无量纲的。

式(1-10) 为二阶常系数齐次线性微分方程，它的通解为

$$x(t)=X\mathrm{e}^{st} \tag{1-13}$$

式中，X（实数）、s（复数）为待定常数，代入方程式(1-10b) 得到特征方程为

$$s^2+2\zeta\omega_n s+\omega_n^2=0 \tag{1-14}$$

由特征方程可解得两个特征根为

$$s_{1,2}=(-\zeta\pm\sqrt{\zeta^2-1})\omega_n \tag{1-15}$$

可见，特征根 s_1、s_2 与 ζ、ω_n 有关，但其性质主要取决于阻尼率 ζ。下面分别讨论不同的阻尼率 ζ 所对应的质量块运动状态。

① $\zeta=0$，无阻尼情况：见 1.1.1 节内容。

② $0<\zeta<1$，小阻尼情况：由式(1-15) 可以解得两个共轭复根为

$$s_{1,2}=(-\zeta\pm\mathrm{j}\sqrt{1-\zeta^2})\omega_n \tag{1-16a}$$

或

$$s_{1,2}=-\zeta\omega_n\pm\mathrm{j}\omega_d \tag{1-16b}$$

式中

$$\omega_d=\sqrt{1-\zeta^2}\,\omega_n \tag{1-17a}$$

$$T_d=\frac{2\pi}{\omega_d}=\frac{T}{\sqrt{1-\zeta^2}} \tag{1-17b}$$

将 $s_{1,2}$ 代入式(1-13)，振动系统运动微分方程的解为

$$
\begin{aligned}
x(t) &= X_1 e^{(-\zeta\omega_n + j\omega_d)t} + X_2 e^{(-\zeta\omega_n - j\omega_d)t} \\
&= e^{-\zeta\omega_n t}[(X_1 + X_2)\cos(\omega_d t) + j(X_1 - X_2)\sin(\omega_d t)] \\
&= X e^{-\zeta\omega_n t}\cos(\omega_d t - \psi)
\end{aligned}
\tag{1-18}
$$

式中，X、ψ 是由初始条件 x_0、v_0 确定的常数，即

$$X = \sqrt{x_0^2 + \frac{(v_0 + \zeta\omega_n x_0)^2}{\omega_d^2}} \tag{1-19}$$

$$\psi = \arctan\frac{v_0 + \zeta\omega_n x_0}{x_0\omega_d} \tag{1-20}$$

分析上述结果，可以得出单自由度有阻尼线性振动系统自由振动的如下结论。

a. 系统的特征根 s_1、s_2 为共轭复数，具有负实部。

b. 在式(1-18) 中，若将 $Xe^{-\zeta\omega_n t}$ 视为随时间变化的振幅，则表明有阻尼系统的自由振动是一种减幅振动，其振幅按指数规律衰减，其阻尼率 ζ 越大，振幅衰减得越快。

c. 特征根虚部值决定了有阻尼自由振动的角频率，即有阻尼的固有角频率 ω_d，T_d 被称为有阻尼的固有周期。有阻尼的固有角频率 ω_d 完全由系统本身的特性（ζ、ω_n）决定。由式(1-17) 可知 $\omega_d < \omega_n$，即有阻尼固有角频率低于无阻尼固有角频率，系统固有角频率的降低对机械设备会产生不利的影响。

d. 初始条件 x_0 与 v_0 只影响有阻尼自由振动的初始振幅 X 与初相位 ψ。

③ $\zeta>1$，过阻尼情况：由式(1-15) 可以解得两个负实数特征根，即

$$s_{1,2} = (-\zeta \pm \sqrt{\zeta^2 - 1})\omega_n \quad (\zeta \geqslant 1) \tag{1-21}$$

$$x(t) = X_1 e^{s_1 t} + X_2 e^{s_2 t} \tag{1-22}$$

式中，X_1、X_2 为由初始条件确定的常数。由于两个负实根 s_1、s_2 的存在，这时系统运动 $x(t)$ 不产生振动，很快就趋于平衡位置。从物理意义上看，阻尼较大时，由初始激励输入系统的能量很快就被阻尼消耗掉了，而系统来不及产生往复振动。

④ $\zeta=1$，临界阻尼情况：临界阻尼系数 $c_0 = 2\sqrt{km}$。由式(1-15) 可以解得特征根为两个重根（$-\omega_n$），即

$$s_{1,2} = -\omega_n$$

$$x(t) = e^{-\omega_n t}[x_0 + (v_0 + \omega_n x_0)t] \tag{1-23}$$

可见，临界阻尼与过阻尼情况类似，临界阻尼是小阻尼和过阻尼之间的分界线，是系统从衰减振动过渡到非周期振动的临界状态，临界阻尼系统没有振荡特性。

工程上振动系统的阻尼一般存在上述四种运动形式，本书主要介绍阻尼率 $0<\zeta<1$ 的机械系统的振动问题。

（2）建立单自由度有阻尼系统 MATLAB 数值解子函数

创建由 MATLAB 函数 ode45 调用的 MATLAB App 子函数

```
[t,x]=ode45(@ exam1_2_fun,tspan,[1 1]',[],zeta1);                %函数调用格式
```

```
function ydot=exam1_2_fun(t,y)                                    % 子函数
m=app.m;k=app.k;c=app.c;                                          % 私有属性
ydot=[y(2);-(c/m)*y(2)-(k/m)*y(1)];                               % 式(1-10a)
end
```

1.1.4 有阻尼自由振动系统 MATLAB App 仿真

【仿真 1-2】 如图 1-1(a) 设 $F(t)=0$。已知系统的阻尼率 ζ，建立单自由度有阻尼自由振动系统的 MATLAB App 仿真。

（1）MATLAB App 窗口设计

单自由度有阻尼自由振动系统 MATLAB App 仿真窗口，如图 1-3 所示。

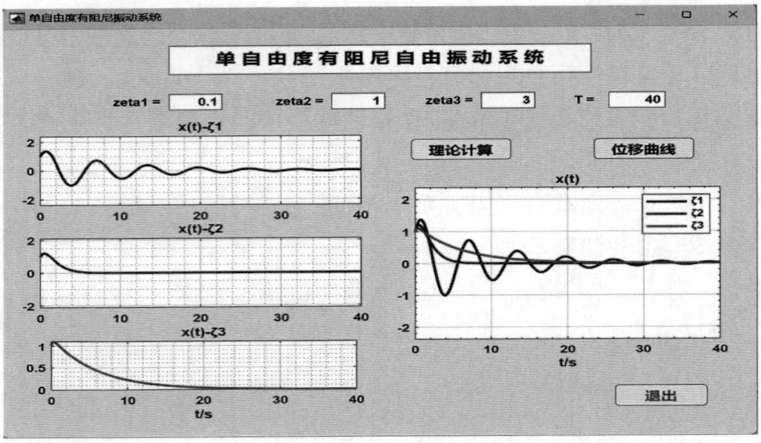

图 1-3 单自由度质量弹簧有阻尼自由振动系统 MATLAB App 仿真

（2）MATLAB App 窗口程序设计（appLU_Exam1_2）

① 私有属性创建：

```
properties(Access=private)
  % 私有属性具体含义见程序
  T;t1;t2;t3;zeta1;zeta2;zeta3;x1;x2;x3;
end
```

② 设置窗口启动回调函数：

```
app.Button_6.Enable='off';                                        % 屏蔽【位移曲线】
```

③【理论计算】回调函数：

```
app.T=app.TEditField.Value;                                       % T-仿真时间
T=app.T;
app.zeta1=app.zeta1EditField.Value;                               % zeta1-阻尼率 1
zeta1=app.zeta1;
```

```
app.zeta2=app.zeta2EditField.Value;                    % zeta2-阻尼率 2
zeta2=app.zeta2;
app.zeta3=app.zeta3EditField.Value;                    % zeta3-阻尼率 3
zeta3=app.zeta3;
% 运动微分方程 ode45 求解
tspan=linspace(0,T,400);                               % tspan-计算时间点数
[t,x]=ode45(@ exam1_2_fun,tspan,[1 1]',[],zeta1);      % zeta1 位移振动求解
app.t1=t;app.x1=x;                                     % 私有属性
[t,x]=ode45(@ exam1_2_fun,tspan,[1 1]',[],zeta2);      % zeta2 位移振动求解
app.t2=t;app.x2=x;                                     % 私有属性
[t,x]=ode45(@ exam1_2_fun,tspan,[1 1]',[],zeta3);      % zeta3 位移振动求解
app.t3=t;app.x3=x;                                     % 私有属性
app.Button_6.Enable='on';                              % 开启【位移曲线】
% 运动微分方程-子函数
functiony dot=exam1_2_fun(t,x,zeta)
ydot=[x(2);-2 * zeta * x(2)-x(1)];
end
```

④【位移曲线】回调函数：

```
T=app.T;t1=app.t1;x1=app.x1;                           % 私有属性
t2=app.t2;x2=app.x2;t3=app.t3;x3=app.x3;               % 私有属性
cla(app.UIAxes_1);cla(app.UIAxes_2);cla(app.UIAxes_3);cla(app.UIAxes)
xm1=max(abs(x1(:,1)));
axis(app.UIAxes_1,[0,T,-xm1-1,xm1+1])
line(app.UIAxes_1,t1,x1(:,1),'color','k','linewidth',2)  % 位移曲线 x1-zeta1
title(app.UIAxes_1,'x(t)-\zeta1')
xm2=max(abs(x2(:,1)));
axis(app.UIAxes_2,[0,T,-xm2-1,xm2+1])
line(app.UIAxes_2,t2,x2(:,1),'color','b',"LineWidth",2)  % 位移曲线 x2-zeta2
title(app.UIAxes_2,'x(t)-\zeta2')
xm3=max(abs(x3(:,1)));
axis(app.UIAxes_2,[0,T,-xm3-1,xm3+1])
line(app.UIAxes_3,t3,x3(:,1),'color','r',"LineWidth",2)  % 位移曲线 x3-zeta3
xlabel(app.UIAxes_3,'t/s');
title(app.UIAxes_3,'x(t)-\zeta3')
% 位移曲线 x-zeta1、x-zeta2、x-zeta3
xm41=max(abs(x1(:,1)));
xm42=max(abs(x2(:,1)));
xm43=max(abs(x3(:,1)));
xm4=max([xm41,xm42,xm43]);
axis(app.UIAxes,[0,T,-xm4-1,xm4+1])
```

```
line(app.UIAxes,t1,x1(:,1),'color','k',"LineWidth",2)      % 位移曲线 x-zeta1
line(app.UIAxes,t2,x2(:,1),'color','b',"LineWidth",2)      % 位移曲线 x-zeta2
line(app.UIAxes,t3,x3(:,1),'color','r',"LineWidth",2)      % 位移曲线 x-zeta3
xlabel(app.UIAxes,'t/s');
legend(app.UIAxes,'\zeta1','\zeta2','\zeta3','Location',"northeast")
title (app.UIAxes.'x(t)')
```

⑤【退出】回调函数：

```
sel=questdlg('确认关闭应用程序？','关闭确认,','Yes','No','No');
switch sel
case'Yes'
delete(app)
case'No'
end
```

1.2 单自由度有阻尼线性系统强迫振动

当振动系统受到外界持续的激励时，系统的振动将会持续下去。系统在外界持续激励下引起的振动称为强迫振动，它是系统对外部过程激励的响应。提供给振动系统的外部激励形式，既可以是作用力［图 1-1(a)、图 1-1(b)］，也可以是位移［图 1-1(c)］、速度或加速度。按激励随时间变化的规律，激励可以归纳为简谐激励、非简谐周期激励、非周期激励和随机激励。系统的响应是指系统由外界激励引起的振动状态（位移、速度或加速度等）随时间变化的历程。

微分方程［式(1-1)］中，当交变力 $F(t)\neq 0$［如图 1-1(a)所示］时，表示振动系统在外力 $F(t)$ 持续的激励作用下处于强迫振动状态。

本节介绍单自由度有阻尼线性系统的强迫振动及其 MATLAB App 设计仿真。

1.2.1 简谐激励振动系统

简谐激励振动是指激励是时间简谐函数（正弦或余弦函数），它在工程结构的振动中经常发生，通常是由旋转机械失衡造成的。简谐激励振动的理论是分析周期激励以及非周期激励下系统响应的基础。通过分析系统所受的简谐激励与系统响应的关系，可以估计测定系统的振动参数，从而确定系统的振动特性。利用可以产生简谐激励的激振器激励被测结构以分析其振动特性的方法，是测试分析振动系统特性最常用的方法之一。

（1）简谐力激励下阻尼振动系统的响应

外激振力 $F(t)$ 为简谐力，如图 1-1(a) 和 (b) 所示，即 $F(t)=F_0\cos(\omega t)=kA\cos(\omega t)$，由振动系统微分方程［式(1-1)］可得

$$m\ddot{x}(t)+c\dot{x}(t)+kx(t)=kA\cos(\omega t) \tag{1-24}$$

式中，ω 为激励的角频率；A 为系统在静力条件下受一个大小为 F_0（F_0 为激振力的幅值）的力作用时的静位移，它是与时间无关的常数，$A=F_0/k$。

式(1-24) 整理后可得二阶常系数非齐次线性微分方程标准形式

$$\ddot{x}(t)+2\zeta\omega_n\dot{x}(t)+\omega_n^2x(t)=\omega_n^2A\cos(\omega t) \tag{1-25}$$

该方程的解由两部分组成。一部分是与式(1-13) 对应的齐次方程的通解。由于系统阻尼的存在，这部分解只在振动开始后的一段时间内有意义，超过这段时间后就会衰减到零。另一部分是式(1-25)的一个特解。它表示系统在简谐激励下的强迫振动，因而被称为稳态解。系统稳态解（也称稳态响应）为

$$x(t)=X(\omega)\cos[\omega t-\varphi(\omega)] \tag{1-26}$$

式中

$$X(\omega)=\frac{A}{\sqrt{[1-(\omega/\omega_n)^2]^2+(2\zeta\omega/\omega_n)^2}} \tag{1-27}$$

$$\varphi(\omega)=\arctan\frac{2\zeta\omega/\omega_n}{1-(\omega/\omega_n)^2} \tag{1-28}$$

分析式(1-26) ～式(1-28)，可以得出如下结论。

① 单自由度线性振动系统在简谐力激励下的响应是谐波运动，其谐波运动由激励角频率 ω、响应振幅 $X(\omega)$ 与响应相位 $\varphi(\omega)$ 三个参数来确定。系统稳态谐波响应与系统的初始激励即初始条件无关，初始激励只影响系统的瞬态响应。

② 稳态响应频率与激励频率相同。

③ 振幅 X 与激励的幅值 A 成正比，即

$$X=A|H(\mathrm{j}\omega)| \tag{1-29}$$

其中

$$H(\mathrm{j}\omega)=\frac{1}{1-(\omega/\omega_n)^2+\mathrm{j}2\zeta\omega/\omega_n} \tag{1-30}$$

$$|H(\mathrm{j}\omega)|=\frac{1}{\sqrt{[1-(\omega/\omega_n)^2]^2+(2\zeta\omega/\omega_n)^2}} \tag{1-31}$$

$H(\mathrm{j}\omega)$ 称为系统的频率响应函数，为复函数，它描述了单自由度线性振动系统的动态特性。$|H(\mathrm{j}\omega)|$是 $H(\mathrm{j}\omega)$ 的模且无量纲，其在物理意义上表示系统动态振动的振幅 X 比静态位移 A 放大了多少倍，故又称$|H(\mathrm{j}\omega)|$为系统的放大倍数。由式(1-31) 可见，$|H(\mathrm{j}\omega)|$不仅是系统参数 ω_n、ζ 的函数，还是激励频率 ω 的函数。因此，即使对于同一个系统，激励频率 ω 不同，放大倍数$|H(\mathrm{j}\omega)|$取值就不同，因而系统的响应幅值也是不相同的。

④ 相位 $\varphi(\omega)$ 表示响应滞后于激励的相位大小，它是由于系统具有惯性而引起的。即响应一般会滞后于激励，滞后时间 $t=\varphi(\omega)/\omega$。

综合式(1-18) 和式(1-26)，系统的总响应 $x(t)$（瞬态响应＋稳态响应）为

$$x(t)=X\mathrm{e}^{-\zeta\omega_n t}\cos(\omega_d t-\psi)+A|H(\mathrm{j}\omega)|\cos(\omega t-\varphi) \tag{1-32}$$

由于振动系统振幅 X 与$|H(\mathrm{j}\omega)|$之间仅相差一个幅值常数 A，因此$|H(\mathrm{j}\omega)|$描述了振幅与激励频率 ω 之间的关系，故又称$|H(\mathrm{j}\omega)|$为系统的幅频特性，如图 1-4(a) 所示。式(1-28) 中 $\varphi(\omega)$ 描述了振动位移、激励两信号之间的相位差与激励频率 ω 之间的函数关系，故称 $\varphi(\omega)$ 为系统的相频特性，如图 1-4(b) 所示。

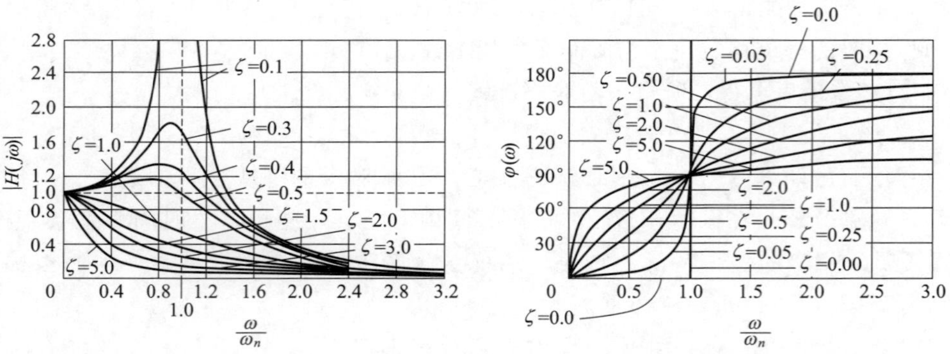

(a) 幅频特性 $|H(j\omega)|$　　(b) 相频特性 $\varphi(\omega)$

图 1-4　系统频率响应函数 H（jω）

（2）基础做简谐运动时有阻尼振动系统的响应

基础做简谐激励运动 $y(t)$ 时，有阻尼振动系统如图 1-1(c) 所示，由式(1-2) 可得

$$m\ddot{x}(t)+c[\dot{x}(t)-\dot{y}(t)]+k[x(t)-y(t)]=0$$

$$m\ddot{x}(t)+c\dot{x}(t)+kx(t)=c\dot{y}(t)+ky(t) \tag{1-33}$$

若 $y(t)=Y\sin(\omega t)$，则式(1-33) 可以表示为

$$m\ddot{x}(t)+c\dot{x}(t)+kx(t)=c\omega Y\cos(\omega t)+kY\sin(\omega t) \tag{1-34a}$$

$$m\ddot{x}(t)+c\dot{x}(t)+kx(t)=A\sin(\omega t-\alpha) \tag{1-34b}$$

式中

$$A=Y\sqrt{k^2+(c\omega)^2} \tag{1-35a}$$

$$\alpha=\arctan\left(-\frac{c\omega}{k}\right) \tag{1-35b}$$

式(1-34) 表明，基础激励运动等效于质量块收到一个幅值为 A 的简谐力的作用。

① 绝对运动的稳态响应：

$$x(t)=X\cos(\omega t+\alpha-\varphi) \tag{1-36}$$

响应 $x(t)$ 的幅值 X 与基础运动位移 $y(t)$ 的幅值 Y 之比称为绝对位移传递率，即

$$\frac{X}{Y}=\sqrt{\frac{1+(2\zeta\lambda)^2}{(1-\lambda^2)^2+(2\zeta\lambda)^2}} \tag{1-37a}$$

$$\varphi=\arctan\frac{2\zeta\lambda^3}{1-\lambda^2+(2\zeta\lambda)^2} \tag{1-37b}$$

式中

$$\lambda=\frac{\omega}{\omega_n};\zeta=\frac{c}{2\sqrt{km}}$$

对于不同的 ζ 值，绝对位移传递率 $\frac{X}{Y}$（幅值比）随频率比 λ 变化的幅频特性曲线如图 1-5 所示。由图中可见，绝对位移共振响应峰值出现的频率比 $\lambda<1$，且随阻尼率 ζ 增加而减少。也就是说，系统最大绝对位移共振响应峰值的角频率小于系统固有角频率，即 $\omega<\omega_n$。当频率比 $\lambda>\sqrt{2}$ 时，对于任意大小的阻尼率 ζ，$\frac{X}{Y}<1$，阻尼率 ζ 越小，$\frac{X}{Y}$ 越小。当频率比

$\lambda=\sqrt{2}$时，$\dfrac{X}{Y}=1$。但要注意，有了阻尼以后，最大速度共振响应峰值和最大加速度共振响应峰值并不与最大位移共振响应峰值出现在相同的频率处。

② 相对运动的稳态响应：若用 $z(t)=x(t)-y(t)$ 表示质量块相对于基础运动的位移，则式(1-33) 可以表示为

$$m\ddot{z}(t)+c\dot{z}(t)+kz(t)=-m\ddot{y}(t) \tag{1-38a}$$

$$m\ddot{z}(t)+c\dot{z}(t)+kz(t)=m\omega^2 Y\sin(\omega t) \tag{1-38b}$$

其稳态响应为

$$z(t)=Z\sin(\omega t-\varphi_1) \tag{1-39}$$

响应 $z(t)$ 的幅值 Z 与基础运动位移 $y(t)$ 的幅值 Y 之比称为相对位移传递率，即

$$\frac{Z}{Y}=\frac{\lambda^2}{\sqrt{(1-\lambda^2)^2+(2\zeta\lambda)^2}} \tag{1-40a}$$

$$\varphi_1=\arctan\frac{2\zeta\lambda}{1-\lambda^2} \tag{1-40b}$$

对于不同的 ζ 值，幅值比$\dfrac{Z}{Y}$随频率变化的幅频特性如图 1-6 所示。由图中曲线可以看出阻尼率 ζ 是如何将相对位移共振响应峰值减小到理想程度的。相对位移共振响应峰值出现的频率比 $\lambda>1$，且随阻尼率 ζ 增加而减小。也就是说，系统最大相对位移共振响应峰值的频率大于系统固有频率，即 $\omega>\omega_n$。

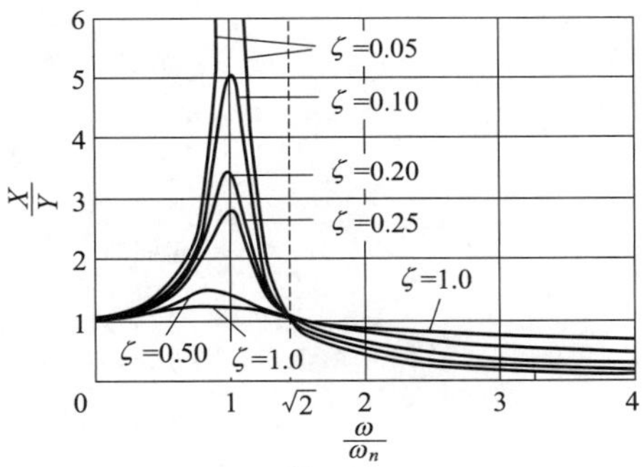

图 1-5 $\dfrac{X}{Y}$的幅频特性

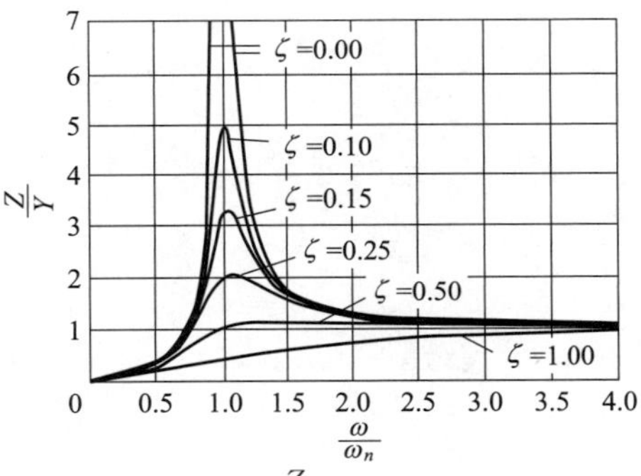

图 1-6 $\dfrac{Z}{Y}$的幅频特性

1.2.2 简谐激励振动系统响应 MATLAB App 仿真

【仿真 1-3】 如图 1-1(a) 所示，已知单自由度有阻尼线性振动系统的质量 m、弹簧刚度 k、阻尼系数 c 和简谐激振力 $F_0\cos(\omega t)$。建立简谐激励振动系统响应的 MATLAB App 仿真。

（1）MATLAB App 窗口设计

单自由度有阻尼线性振动系统在简谐激励下系统的位移、速度和加速度响应的 MATLAB App 仿真窗口，如图 1-7 所示。

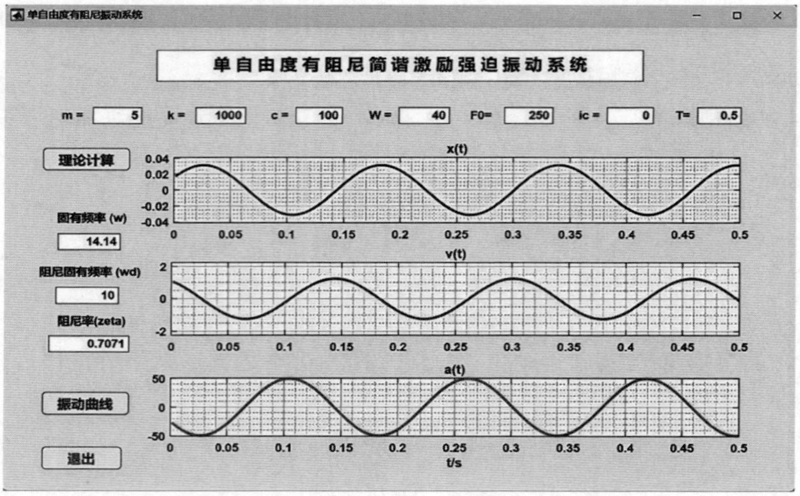

图 1-7　单自由度有阻尼简谐激励强迫振动系统响应的 MATLAB App 仿真

（2）MATLAB App 窗口程序设计（appLU_Exam1_3）

① 私有属性创建：

```
properties(Access=private)
  % 私有属性具体含义见程序
  t;x;xd;xdd;xamp;xphi;m;k;c;
  zeta;W;F0;ic;T;
end
```

② 设置窗口启动回调函数：

```
app.Button_6.Enable='off';                          % 屏蔽【振动曲线】
app.wEditField.Value=0;                             % 角频率 w 清零
app.wdEditField.Value=0;                            % 角频率 wd 清零
app.zetaEditField.Value=0;                          % 阻尼率 zeta 清零
```

③【理论计算】回调函数：

```
app.m=app.mEditField.Value;                         % m-质量
m=app.m;
app.k=app.kEditField.Value;                         % k-弹簧刚度
k=app.k;
app.c=app.cEditField_2.Value;                       % c-阻尼系数
c=app.c;
app.W=app.WEditField.Value;                         % W-激励角频率
W=app.W;
app.F0=app.F0EditField.Value;                       % F0-驱动力幅值
F0=app.F0;
```

```
app.ic=app.icEditField.Value;                              % ic-激励(正弦、余弦)
ic=app.ic;
app.T=app.TEditField.Value;                                % T-仿真时间
T=app.T;
n=1000;                                                    % 一个周期内离散点数
w=sqrt(k/m);
zeta=c/(2*w*m);                                            % zeta-系统阻尼率
if zeta>=1
msgbox('阻尼率>=1,请减小阻尼 c','友情提示! ');
else
% 调子程序 haresp 计算
[t,x,xd,xdd,xamp,xphi]=haresp(m,c,k,F0,W,ic,n);
app.t=t;app.x=x;                                           % 私有属性
app.xd=xd;app.xdd=xdd;                                     % 私有属性
app.xamp=xamp;app.xphi=xphi;                               % 私有属性
end
% 子函数-haresp
function[t,x,xd,xdd,xamp,xphi]=haresp(m,c,k,F0,W,ic,n);
w=sqrt(k/m);                                               % 无阻尼固有角频率
zeta=c/(2.0*m*w);                                          % 系统阻尼率
dst=F0/k;                                                  % dst=幅值 F0/刚度 k
r=W/w;                                                     % 激励角频率/固有角频率
xamp=dst/sqrt((1.0-r^2)^2+(2.0*zeta*r)^2);                 % xamp-响应幅值
xphi=atan(2.0*zeta*r/(1.0-r^2));                           % xphi-响应相位
delt=20.0*3.1416/(W*n);                                    % 作图取的点数
time=0.0;
if ic~ =0                                                  % ic=1 余弦;ic=0 正弦
for i=1:n
time=time+delt;
t(i)=time;                                                 % 时间
x(i)=xamp*cos(W*time-xphi);                                % 余弦响应位移
xd(i)=-xamp*W*sin(W*time-xphi);                            % 余弦响应速度
xdd(i)=-xamp*W^2*cos(W*time-xphi);                         % 余弦响应加速度
end
else
for i=1:n
time=time+delt;
t(i)=time;
x(i)=xamp*sin(W*time-xphi);                                % 正弦响应位移
xd(i)=xamp*W*cos(W*time-xphi);                             % 正弦响应速度
```

```
xdd(i)=-xamp*W^2*sin(W*time-xphi);                     % 正弦响应加速度
end;end;end
app.Button_6.Enable='on';                               % 开启【振动曲线】
if zeta>=1
else
w=sqrt(k/m);                                            % 无阻尼固有角频率
app.wEditField.Value=w;                                 % 固有角频率显示
wd=sqrt(1-zeta^2)*w;                                    % 有阻尼固有角频率
app.wdEditField.Value=wd;                               % 固有角频率显示
zeta=c/(2*sqrt(k*m));                                   % 阻尼率
app.zetaEditField.Value=zeta;                           % 阻尼率显示
end
```

④【振动曲线】回调函数：

```
t=app.t;x=app.x;xd=app.xd;                              % 私有属性
xdd=app.xdd;xamp=app.xamp;xphi=app.xphi;                % 私有属性
n=40;
T=app.T;                                                % T-仿真时间
cla(app.UIAxes);cla(app.UIAxes_2);cla(app.UIAxes_3)     % 清除原有图形
xm1=max(abs(x));
axis(app.UIAxes,[0,T,-xm1-0.01,xm1+0.01])
plot(app.UIAxes,t,x,'k',"LineWidth",2)                  % 位移曲线 x(t)
title(app.UIAxes,'x(t)')
xm2=max(abs(xd));
axis(app.UIAxes_2,[0,T,-xm2-1,xm2+1])
plot(app.UIAxes_2,t,xd,'b',"LineWidth",2)               % 速度曲线 v(t)
title(app.UIAxes_2,'v(t)')
xm3=max(abs(xdd));
axis(app.UIAxes_3,[0,T,-xm3-1,xm3+1])
plot(app.UIAxes_3,t,xdd,'m',"LineWidth",2)              % 加速度曲线 a(t)
xlabel(app.UIAxes_3,'t/s');
title(app.UIAxes_3,'a(t)')
```

⑤【退出】回调函数：

```
sel=questdlg('确认关闭应用程序？','关闭确认,','Yes','No','No');
switch sel
case'Yes'
delete(app)
case'No'
end
```

1.2.3 简谐力激励下振动系统响应的幅频和相频特性 MATLAB App 仿真

【仿真 1-4】 如图 1-1(a) 所示，已知单自由度有阻尼线性振动系统的五个阻尼率 ζ_1、ζ_2、ζ_3、ζ_4、ζ_5 和频率比 ω/ω_n。建立简谐力激励下振动系统的幅频特性和相频特性的 MATLAB App 仿真。(设：zeta=ζ；beta=$\beta=\omega/\omega_n$。)

(1) MATLAB App 窗口设计

单自由度简谐力激励下振动系统幅频特性和相频特性 MATLAB App 仿真窗口，如图 1-8 所示。

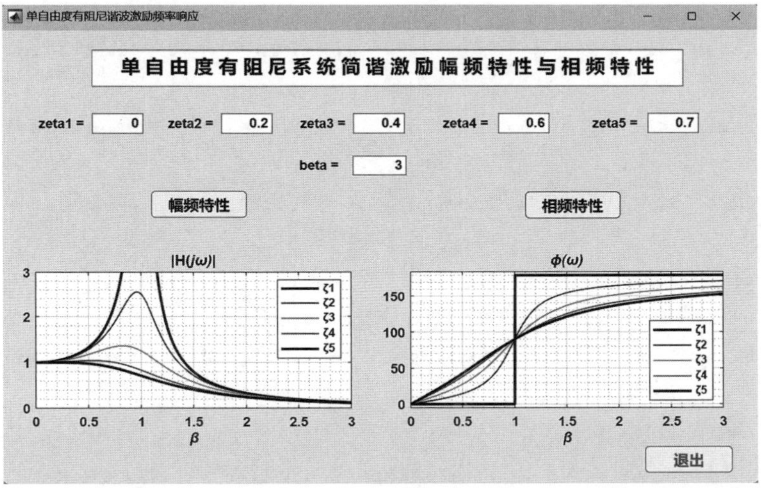

图 1-8 单自由度简谐力激励下振动系统幅频特性和相频特性 MATLAB App 仿真

(2) MATLAB App 窗口程序设计 (appLU_Exam1_4)

① 私有属性创建：

```
properties(Access=private)
    % 私有属性具体含义见程序
    zeta1;zeta2;zeta3;zeta4;zeta5;beta;
end
```

②【幅频特性】回调函数：

```
app.beta=app.betaEditField.Value;                     % beta-频率比
beta=app.beta;
app.zeta1=app.zeta1EditField.Value;                   % zeta1-阻尼率 1
zeta1=app.zeta1;
app.zeta2=app.zeta2EditField.Value;                   % zeta2-阻尼率 2
zeta2=app.zeta2;
app.zeta3=app.zeta3EditField.Value;                   % zeta3-阻尼率 3
```

```
zeta3=app.zeta3;
app.zeta4=app.zeta4EditField.Value;                         % zeta4-阻尼率 4
zeta4=app.zeta4;
app.zeta5=app.zeta5EditField.Value;                         % zeta5-阻尼率 5
zeta5=app.zeta5;
beta1=linspace(0,beta,1e3);zeta=[zeta1 zeta2 zeta3 zeta4 zeta5];
% 计算对应 beta 的 5 种幅频特性并绘图
for n=1:5
D1=1./sqrt((1-beta1.^2).^2+(2*zeta(n)*beta1).^2);
switch n
case1
line(app.UIAxes_1,beta1,D1,'color','k','linewidth',2)       % zeta1 幅频特性曲线
case2
line(app.UIAxes_1,beta1,D1,'color','b','linewidth',1)       % zeta2 幅频特性曲线
case3
line(app.UIAxes_1,beta1,D1,'color','g','linewidth',1)       % zeta3 幅频特性曲线
case4
line(app.UIAxes_1,beta1,D1,'color','m','linewidth',1)       % zeta4 幅频特性曲线
case5
line(app.UIAxes_1,beta1,D1,'color','k','linewidth',2)       % zeta5 幅频特性曲线
end;end
ylim(app.UIAxes_1,[0 3])
xlabel(app.UIAxes_1,'\it\beta');title(app.UIAxes_1,'|H(\itj\omega)|')
legend(app.UIAxes_1,'\zeta1','\zeta2','\zeta3','\zeta4','\zeta5')
```

③【相频特性】回调函数：

```
app.beta=app.betaEditField.Value;                           % beta-频率比
beta=app.beta;
app.zeta1=app.zeta1EditField.Value;                         % zeta1-阻尼率 1
zeta1=app.zeta1;
app.zeta2=app.zeta2EditField.Value;                         % zeta2-阻尼率 2
zeta2=app.zeta2;
app.zeta3=app.zeta3EditField.Value;                         % zeta3-阻尼率 3
zeta3=app.zeta3;
app.zeta4=app.zeta4EditField.Value;                         % zeta4-阻尼率 4
zeta4=app.zeta4;
app.zeta5=app.zeta5EditField.Value;                         % zeta5-阻尼率 5
zeta5=app.zeta5;
beta1=linspace(0,beta,1e3);zeta=[zeta1 zeta2 zeta3 zeta4 zeta5];
% 计算对应 beta 的 5 种相频特性并绘图
for n=1:5
```

```
D1=atan2(2*zeta(n)*beta1,(1-beta1.^2))*180/pi;
switch n
case1
line(app.UIAxes_2,beta1,D1,'color','k','linewidth',2)      % zeta1 相频特性曲线
case2
line(app.UIAxes_2,beta1,D1,'color','b','linewidth',1)      % zeta2 相频特性曲线
case3
line(app.UIAxes_2,beta1,D1,'color','g','linewidth',1)      % zeta3 相频特性曲线
case4
line(app.UIAxes_2,beta1,D1,'color','m','linewidth',1)      % zeta4 相频特性曲线
case5
line(app.UIAxes_2,beta1,D1,'color','k','linewidth',2)      % zeta5 相频特性曲线
end;end
ylim(app.UIAxes_2,[-5 185]);xlabel(app.UIAxes_2,'\it\beta');
title(app.UIAxes_2,'\it\phi(\omega)')
legend(app.UIAxes_2,'\zeta1','\zeta2','\zeta3','\zeta4','\zeta5','Location
',"southeast")
```

④【退出】回调函数：

```
sel=questdlg('确认关闭应用程序？','关闭确认,','Yes','No','No');
switch sel
case'Yes'
delete(app)
case'No'
end
```

1.2.4 基础简谐运动引起振动系统响应的幅频特性 MATLAB App 仿真

【仿真 1-5】 如图 1-1(c) 所示，已知单自由度有阻尼线性振动系统的五个阻尼率 ζ_1、ζ_2、ζ_3、ζ_4、ζ_5 和频率比 ω/ω_n。建立基础简谐运动引起的振动系统绝对位移和相对位移幅频特性的 MATLAB App 仿真。（设：zeta=ζ；beta=$\beta=\omega/\omega_n$。）

（1）MATLAB App 窗口设计

基础简谐运动引起的振动系统绝对位移和相对位移幅频特性 MATLAB App 仿真窗口，如图 1-9 所示。

（2）MATLAB App 窗口程序设计（appLU_Exam1_5）

① 私有属性创建：

```
properties(Access=private)
  % 私有属性具体含义见程序
  zeta1;zeta2;zeta3;zeta4;zeta5;beta;
end
```

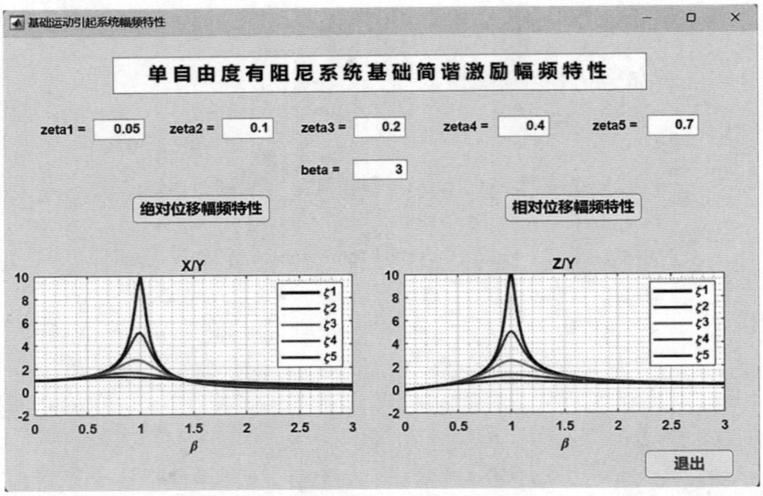

图 1-9 单自由度振动系统基础简谐运动的幅频特性 MATLAB App 仿真

②【绝对位移幅频特性】回调函数：

```
app.beta=app.betaEditField.Value;                          % beta-频率比
beta=app.beta;
app.zeta1=app.zeta1EditField.Value;                        % zeta1-阻尼率 1
zeta1=app.zeta1;
app.zeta2=app.zeta2EditField.Value;                        % zeta2-阻尼率 2
zeta2=app.zeta2;
app.zeta3=app.zeta3EditField.Value;                        % zeta3-阻尼率 3
zeta3=app.zeta3;
app.zeta4=app.zeta4EditField.Value;                        % zeta4-阻尼率 4
zeta4=app.zeta4;
app.zeta5=app.zeta5EditField.Value;                        % zeta5-阻尼率 5
zeta5=app.zeta5;
beta1=linspace(0,beta,1e3);                                % 横坐标 beta 取值
zeta=[zeta1 zeta2 zeta3 zeta4 zeta5];                      % 阻尼率 zeta 数组
% 计算对应 beta 的 5 种幅频特性并绘图
for n=1:5
D1=sqrt((1+(2*beta1.*zeta(n)).^2)./((1-beta1.^2).^2+(2*beta1.*zeta(n)).^2));
switch n
case1
line(app.UIAxes_1,beta1,D1,'color','k','linewidth',2)      % zeta1-X/Y 幅频特性
case2
line(app.UIAxes_1,beta1,D1,'color','b','linewidth',1.5)    % zeta2-X/Y 幅频特性
case3
line(app.UIAxes_1,beta1,D1,'color','g','linewidth',1.5)    % zeta3-X/Y 幅频特性
```

```
case4
line(app.UIAxes_1,beta1,D1,'color','m','linewidth',1.5)    % zeta4-X/Y 幅频特性
case5
line(app.UIAxes_1,beta1,D1,'color','b','linewidth',1.5)    % zeta5-X/Y 幅频特性
end;end
ylim(app.UIAxes_1,[-2 10])
xlabel(app.UIAxes_1,'\it\beta');title(app.UIAxes_1,'X/Y')
legend(app.UIAxes_1,'\zeta1','\zeta2','\zeta3','\zeta4','\zeta5')
```

③【相对位移幅频特性】回调函数：

```
app.beta=app.betaEditField.Value;                          % beta-频率比
beta=app.beta;
app.zeta1=app.zeta1EditField.Value;                        % zeta1-阻尼率 1
zeta1=app.zeta1;
app.zeta2=app.zeta2EditField.Value;                        % zeta2-阻尼率 2
zeta2=app.zeta2;
app.zeta3=app.zeta3EditField.Value;                        % zeta3-阻尼率 3
zeta3=app.zeta3;
app.zeta4=app.zeta4EditField.Value;                        % zeta4-阻尼率 4
zeta4=app.zeta4;
app.zeta5=app.zeta5EditField.Value;                        % zeta5-阻尼率 5
zeta5=app.zeta5;
beta1=linspace(0,beta,1e3);
zeta=[zeta1 zeta2 zeta3 zeta4 zeta5];
% 计算对应 beta 的 5 种相频特性并绘图
for n=1:5
D1=sqrt(beta1.^2./((1-beta1.^2).^2+(2*zeta(n)*beta1).^2));
switch n
case1
line(app.UIAxes_2,beta1,D1,'color','k','linewidth',2)      % zeta1-Z/Y 相频特性
case2
line(app.UIAxes_2,beta1,D1,'color','b','linewidth',1.5)    % zeta2-Z/Y 相频特性
case3
line(app.UIAxes_2,beta1,D1,'color','g','linewidth',1.5)    % zeta3-Z/Y 相频特性
case4
line(app.UIAxes_2,beta1,D1,'color','m','linewidth',1.5)    % zeta4-Z/Y 相频特性
case5
line(app.UIAxes_2,beta1,D1,'color','b','linewidth',1.5)    % zeta5-Z/Y 相频特性
end;end
ylim(app.UIAxes_2,[-2 10])
xlabel(app.UIAxes_2,'\it\beta')
```

```
title(app.UIAxes_2,'Z/Y')
legend(app.UIAxes_2,'\zeta1','\zeta2','\zeta3','\zeta4','\zeta5')
```

④【退出】回调函数：

```
sel=questdlg('确认关闭应用程序？','关闭确认,','Yes','No','No');
switch sel
case'Yes'
delete(app)
case'No'
end
```

1.2.5 脉冲激励振动系统

非周期激振力的大小随时间变化，一般作用一段时间后停止。对于非周期力 $f(t)$，可以将其分解为一系列强度为 $f(t)\Delta\tau$ 的脉冲。对于线性系统，可以利用叠加原理，对所有脉冲引起的响应进行卷积积分，从而得到整个非周期力 $f(t)$ 对系统激励的响应，这种方法被称为脉冲响应法。

（1）脉冲力作用的效果

单位脉冲函数定义为

$$\delta(t-t_0)=\begin{cases}\infty & t=t_0\\ 0 & t\neq t_0\end{cases} \tag{1-41}$$

$$\int_{-\infty}^{+\infty}\delta(t-t_0)\mathrm{d}t=1 \tag{1-42}$$

单自由度有阻尼线性振动系统，在 $t=t_0$ 时刻受到一个脉冲力 $F(t)=F_0\delta(t-t_0)$ 的激励，则振动系统微分方程［式(1-1)］变为

$$m\ddot{x}(t)+c\dot{x}(t)+kx(t)=F_0\delta(t-t_0) \tag{1-43}$$

当 $t\neq t_0$ 时，$F(t)=0$，即脉冲力消失后，上式简化为单自由度有阻尼线性振动系统

$$m\ddot{x}(t)+c\dot{x}(t)+kx(t)=0 \quad t>t_0 \tag{1-44}$$

系统的初始条件是初始位移 $x(t_0^-)=0$，初始速度 $\dot{x}(t_0^-)=0$。t_0^- 表示脉冲激励开始的时刻，即系统原来是静止的，而在 t_0^+ 时刻突然受到脉冲力 $F_0\delta(t-t_0)$ 的激励，t_0^+ 表示脉冲力激励结束的时刻，由于该脉冲力作用的时间极其短促，按冲量定理有

$$m\dot{x}(t_0^+)-m\dot{x}(t_0^-)=F_0$$

$$\dot{x}(t_0^+)=F_0/m \tag{1-45}$$

由式(1-45)可见脉冲力激励产生的初速度与其冲量 F_0 成正比，与其质量 m 成反比。这表明，$F(t)=F_0\delta(t-t_0)$ 在形式上虽然是一种过程激励，但由于这一过程激励的作用时间极短，其效果就相当于一个初速度激励，从而可以将系统对过程激励的强迫振动问题转化为系统对初始条件激励的自由振动问题来处理，这正是下面解决问题的关键。

在 t_0^- 到 t_0^+ 的一瞬间，系统的速度发生了突变，这是由于在该时刻的幅值无限大，因

而加速度无限大，可是由于速度是有限的，因而在从 t_0^- 到 t_0^+ 这样短暂的时间内来不及积累产生位移的变化，因此位移 $x(t_0^+)=0$。

（2）单自由度有阻尼线性振动系统的脉冲响应

由上述分析可知，脉冲力 $F(t)=F_0\delta(t-t_0)$ 对单自由度有阻尼线性振动系统的作用效果相当于初始速度 $\dot{x}(t_0^+)=F_0/m$ 对系统的作用。因此，在 $\dot{x}(t_0^+)=F_0/m$，$x(t_0^+)=0$ 初始条件下系统的自由振动即为系统对于冲量 F_0 的脉冲力激励的响应。在振动分析中，通常用 $h(t)$ 表示系统的单位脉冲响应函数，则有阻尼线性振动系统对 $F_0\delta(t-t_0)$ 的脉冲响应为

$$F_0x(t-t_0)=F_0h(t-t_0)=\begin{cases}0 & t-t_0<0\\ F_0/(m\omega_d)[\mathrm{e}^{-\zeta\omega_n t}\sin(\omega_d t)] & t-t_0\geqslant 0\end{cases} \tag{1-46}$$

1.2.6 脉冲激励振动系统响应 MATLAB App 仿真

【仿真 1-6】 如图 1-1(a) 所示，已知单自由度有阻尼线性振动系统的质量 m、弹簧刚度 k、阻尼系数 c、延迟时间 t_0 和冲量 F_0。建立脉冲激励下振动系统响应的 MATLAB App 仿真。

（1）MATLAB App 窗口设计

单自由度有阻尼线性振动系统在脉冲激励下的响应 MATLAB App 仿真窗口，如图 1-10 所示。

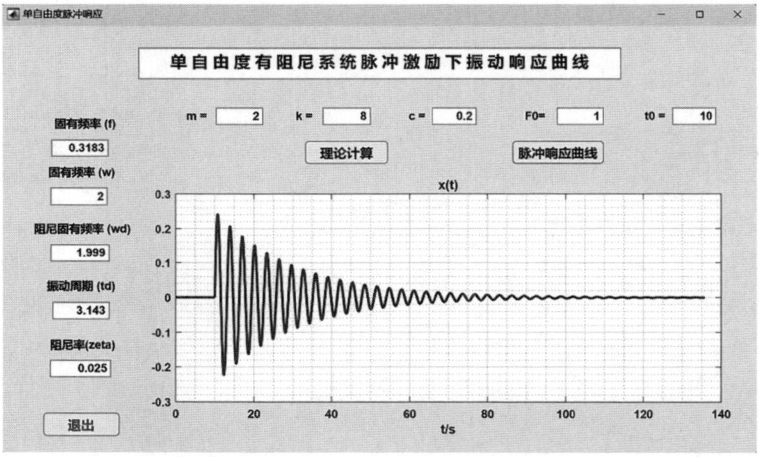

图 1-10 单自由度有阻尼线性系统在脉冲激励下的响应 MATLAB App 仿真

（2）MATLAB App 窗口程序设计（appLU_Exam1_6）

① 私有属性创建：

```
properties(Access=private)
    % 私有属性具体含义见程序
```

```
    t;x;m;k;c;zeta;F0;t0;
end
```

② 设置窗口启动回调函数：

```
app.Button_6.Enable='off';                    %屏蔽【脉冲响应曲线】
app.fEditField.Value=0;                       % f 频率清零
app.wEditField.Value=0;                       % w 频率清零
app.wdEditField.Value=0;                      % wd 频率清零
app.tdEditField.Value=0;                      % td 有阻尼振动周期清零
app.zetaEditField.Value=0;                    % zeta 阻尼率清零
```

③【理论计算】回调函数：

```
app.m=app.mEditField.Value;                   % m-质量
m=app.m;
app.k=app.kEditField.Value;                   % k-弹簧刚度
k=app.k;
app.c=app.cEditField_2.Value;                 % c-阻尼系数
c=app.c;
app.F0=app.F0EditField.Value;                 % F0-脉冲强度幅值
F0=app.F0;
app.t0=app.t0EditField.Value;                 % t0-脉冲力初始位置
t0=app.t0;
w=sqrt(k/m);                                  % w-固有角频率(rad/s)
f=w/2/pi;                                     % f-固有频率(Hz)
zeta=c/(2*w*m);                               % zeta-阻尼率
wd=w*sqrt(1-zeta^2);                          % wd-有阻尼固有角频率
tf=2*pi/w*40;                                 % tf=1/f 取 40 个周期时间
if zeta>=1                                    % 判断阻尼率>=1?
msgbox('阻尼率>=1,请减小阻尼 c','友情提示!');
else
dt=2*pi/w/100;                                % 图形时间间隔
t=0:dt:tf;
app.t=t;                                      % t-私有属性
td=2*pi/wd;                                   % td-有阻尼振动周期
x=F0/m/wd.*(exp(-zeta*w*t).*sin(wd*t));       % 系统脉冲响应
app.x=x;                                      % x-私有属性
end
app.Button_6.Enable='on';                     % 开启【脉冲响应曲线】
app.tdEditField.Value=td;                     % 有阻尼振动周期
app.fEditField.Value=f;                       % 固有频率
app.wEditField.Value=w;                       % 固有角频率
```

```
app.zetaEditField.Value=zeta;                                % 阻尼率
app.wdEditField.Value=wd;                                    % 有阻尼固有角频率
```

④【脉冲响应曲线】回调函数：

```
t=app.t;                                                     % 私有属性 t
x=app.x;                                                     % 私有属性 x
t0=app.t0;
if t0==0                                                     % 脉冲位置 t0=0
cla(app.UIAxes);
plot(app.UIAxes,t,x,'b','linewidth',2)                       % 脉冲响应曲线
else
t1=0:t0/100:t0;                                              % t1=0~ t0 之间
line(app.UIAxes,t1,t1*0,'color','b','linewidth',2)           % 0~ t0 之间为等于 0 的直线
line(app.UIAxes,t+t0,x,'color','b','linewidth',2)            % 脉冲位置 t=t0
end
xlabel(app.UIAxes,'t/s')
title(app.UIAxes,'x(t)')
```

⑤【退出】回调函数：

```
sel=questdlg('确认关闭应用程序？','关闭确认,','Yes','No','No');
switch sel
case'Yes'
delete(app)
case'No'
end
```

1.2.7 周期激励强迫振动系统数值求解方法

（1）数值求解方法

所谓数值求解就是对一个振动系统运动微分方程进行计算机仿真，按照该系统的运动方程或状态方程、初始条件与外加激励，来求解该运动微分方程的数值解。

对于不同的外激励 $F(t)$ 函数，一般数值求解方法如下。

首先把二阶常系数非齐次线性微分方程［式(1-1)］转换为一阶微分方程组，即

$$m\ddot{x}(t)+c\dot{x}(t)+kx(t)=F(t)$$

设
$$v(t)=\dot{x}(t) \tag{1-47}$$

则
$$\dot{v}(t)=\frac{1}{m}F(t)-\frac{c}{m}v(t)-\frac{k}{m}x(t) \tag{1-48}$$

令 $y_1(t)=x(t)$，$y_2(t)=v(t)=\dot{x}(t)$，可得

$$\boldsymbol{y}=\begin{bmatrix} y_1(t) \\ y_2(t) \end{bmatrix}=\begin{bmatrix} x(t) \\ v(t) \end{bmatrix}=\begin{bmatrix} x(t) \\ \dot{x}(t) \end{bmatrix} \tag{1-49}$$

对式(1-49) 求导数，可得

$$\dot{\boldsymbol{y}}=\begin{bmatrix} \dot{y}_1(t) \\ \dot{y}_2(t) \end{bmatrix}=\begin{bmatrix} \dot{x}(t) \\ \ddot{x}(t) \end{bmatrix}=\begin{bmatrix} y_2(t) \\ \dfrac{1}{m}F(t)-\dfrac{c}{m}y_2(t)-\dfrac{k}{m}y_1(t) \end{bmatrix} \tag{1-50}$$

式(1-50) 中的 $F(t)$ 可以是任意激振力。

（2）建立 MATLAB 数值解子函数

创建由 MATLAB 函数 ode45 调用的 MATLAB App 子函数。

```
[t,y]=ode45(@ Exam_1_6_fun,tspan,y0);                    % 函数调用格式
function yp=Exam_1_6_fun(t,y)                            % 子函数
m=app.m;k=app.k;c=app.c;T=app.T;F0=app.F0;               % 私有属性
w=2 * pi/T;                                              % 角频率
f=F0 * sign(sin(w * t));                                 % 方波激振力
yp=[y(2);(f/m-((c/m) * y(2))-((k/m) * y(1)))];           % 式(1-50)
end
```

1.2.8 周期激励强迫振动系统响应 MATLAB App 仿真

【仿真 1-7】 如图 1-1(a) 所示，已知单自由度有阻尼线性振动系统的质量 m、弹簧刚度 k、阻尼系数 c、周期 T 和激振力幅值 F_0。建立周期激励（方波和锯齿波）强迫振动系统响应的 MATLAB App 仿真。

（1）MATLAB App 窗口设计

单自由度周期激励强迫振动系统响应的 MATLAB App 窗口，如图 1-11、图 1-12 所示。

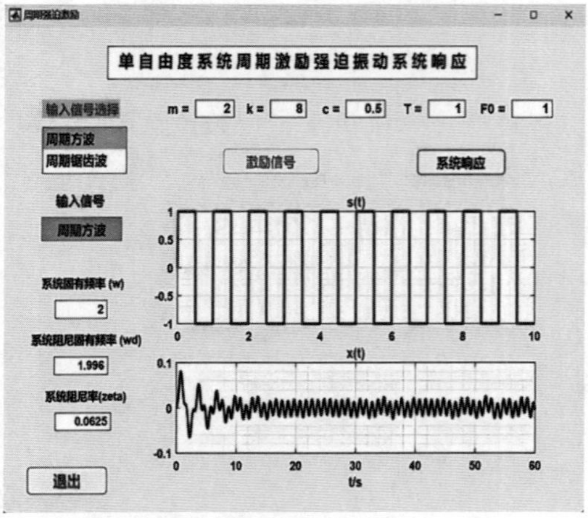

图 1-11 周期方波激励强迫振动系统响应的 MATLAB App 仿真

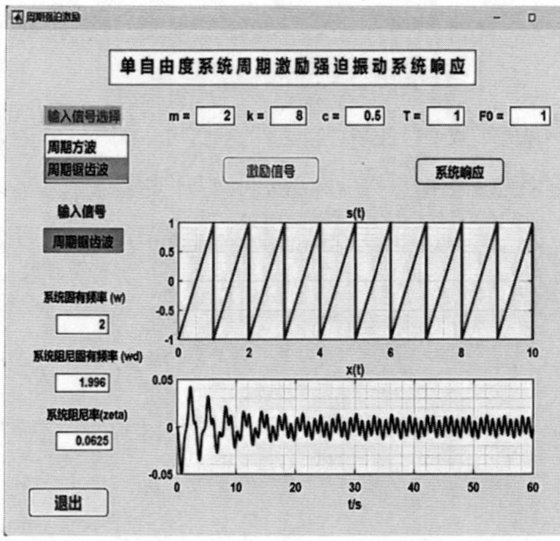

图 1-12 周期锯齿波激励强迫振动系统响应的 MATLAB App 仿真

（2）MATLAB App 窗口程序设计（appLU_Exam1_7）

① 私有属性创建：

```
properties(Access=private)
  % 私有属性具体含义见程序
  t;x;m;k;c;zeta;F0;T;value;w;wd;
end
```

② 设置窗口启动回调函数：

```
app.value=app.ListBox.Value;                      % 选择列表框中选项
value=app.value;
app.Button_2.Enable='off';                        % 屏蔽【系统响应】
```

③【激励信号】回调函数：

```
app.Button_2.Enable='on';                         % 开启【系统响应】
app.m=app.mEditField.Value;                       % m-质量
m=app.m;
app.k=app.kEditField.Value;                       % k-弹簧刚度
k=app.k;
app.c=app.cEditField.Value;                       % c-阻尼系数
c=app.c;
app.F0=app.F0EditField.Value;                     % F0-脉冲力幅值
F0=app.F0;
app.T=app.TEditField.Value;                       % T-方波、锯齿波周期
T=app.T;
w=sqrt(k/m);                                      % w-基频固有角频率
app.wEditField.Value=w;                           % 固有角频率显示
f=w/2/pi;                                         % f-固有频率(Hz)
zeta=c/(2*w*m);                                   % zeta-阻尼率
if zeta>=1                                        % 阻尼率大于 1 判断
msgbox('阻尼率>=1,请减小阻尼 c','友情提示！');
else
app.zetaEditField.Value=zeta;                     % 阻尼率显示
wd=w*sqrt(1-zeta^2);                              % wd-有阻尼固有角频率
app.wdEditField.Value=wd;                         % 有阻尼角频率显示
value=app.value;                                  % 选择列表框中选项
if value=="周期方波"
t=linspace(0,10*T,1e3);                           % 时间取 10 个周期 T
w=2*pi/T;                                         % 周期方波基频
f=sign(sin(w*t));                                 % sign-产生方波信号
cla(app.UIAxes)
```

```
plot(app.UIAxes,t,f,'b','linewidth',2)                    % 绘制方波曲线
title(app.UIAxes,'s(t)')
else                                                       % 如果是锯齿波信号
t=linspace(0,10*T,1e3);
w=2*pi/T;
f=sawtooth(w*t);                                           % sawtooth-产生锯齿波信号
cla(app.UIAxes)
plot(app.UIAxes,t,f,'b','linewidth',2)                    % 绘制锯齿波曲线
title(app.UIAxes,'s(t)')
end
end
```

④【系统响应】回调函数:

```
m=app.m;k=app.k;c=app.c;                                   % 私有属性
F0=app.F0;T=app.T;                                         % 私有属性
w=sqrt(k/m);app.w=w;                                       % 私有属性
app.wEditField.Value=w;                                    % 角频率 w 显示
zeta=c/(2*w*m);                                            % zeta-阻尼率
if zeta>=1                                                 % 阻尼率大于 1 判断
msgbox('阻尼率>=1,请减小阻尼 c','友情提示!');
else
app.zetaEditField.Value=zeta;                              % 阻尼率显示
wd=w*sqrt(1-zeta^2);                                       % wd-有阻尼固有角频率
app.wdEditField.Value=wd;
tspan=linspace(0,60*T,1e3);                                % 取 60 个周期 T
y0=[0;0];
[t,y]=ode45(@Exam_1_6_fun,tspan,y0);                       % 微分方程数值解
cla(app.UIAxes_2)
plot(app.UIAxes_2,t,y(:,1),'k','linewidth',2);            % x(t)响应曲线
xlabel(app.UIAxes_2,'t/s');title(app.UIAxes_2,'x(t)')
end
app.Button_1.Enable='off';                                 % 屏蔽【激励信号】
% 系统子函数
function yp=Exam_1_6_fun(t,y)
m=app.m;
k=app.k;
c=app.c;
T=app.T;
F0=app.F0;
value=app.value;
if value=="周期方波"                                        % 如果是方波信号
```

```
w=2*pi/T;
f=F0*sign(sin(w*t));
yp=[y(2);(f/m-((c/m)*y(2))-((k/m)*y(1)))];
else                                                      % 如果是锯齿波信号
w=2*pi/T;
f=F0*sawtooth(w*t);
yp=[y(2);(f/m-((c/m)*y(2))-((k/m)*y(1)))];
end
end
```

⑤【退出】回调函数：

```
sel=questdlg('确认关闭应用程序? ','关闭确认,','Yes','No','No');
switch sel
case'Yes'
delete(app)
case'No'
end
```

第2章 多自由度线性系统振动分析MATLAB App仿真

多自由度振动系统是振动分析的核心内容。一般而言，工程实践中的多数振动系统都是连续弹性体，其质量与刚度具有连续分布的性质。只有掌握弹性体的无限个点在每个瞬时的运动情况，才能全面描述弹性体的振动状态。因此，理论上它们都属于无限多自由度振动系统，需要用连续系统模型才能加以描述。但连续弹性体模型的振动系统运动微分方程涉及偏微分方程理论，求解十分复杂，而且大多数偏微分方程不存在解析解，因而实践中对待诸多连续弹性体系统，在满足一定的振动分析精度的条件下将连续弹性体离散成若干个质量集中的子结构。子结构之间由等效弹簧、等效阻尼器连接起来，构成一个新的离散振动系统动力学模型，然后建立起该动力学模型的运动微分方程。由于该运动微分方程仅涉及常微分方程理论，数学求解相对于偏微分方程要简单得多。

振动系统的自由度被定义为描述系统的每个质点运动所必需的最少独立坐标的数目。任何这样一套坐标都称为广义坐标，广义坐标的选择是不唯一的。一般来说，如果系统中有 n 个简化的集中质点，它便是一个 n 自由度系统。当 $n>1$ 时，称为多自由度系统。多自由度系统需要用 n 个广义坐标来描述它们的运动，系统的运动方程是 n 个二阶常系数微分方程组。多自由度系统与单自由度系统既有联系又有区别，区别在于多自由度系统本质上会出现一些与单自由度系统完全不同的新概念，求解过程需要新的分析方法。当振动系统的自由度数增大，对系统的振动分析变得非常复杂时，计算中需要应用矩阵分析法；当振动系统内部结构存在相互耦合，方程解耦运算变得异常复杂时，通常应用模态分析法。

图 2-1 可以看作是理想化的轿车振动系统模型简图。车体的总质量为 m，车体对质心 C 的转动惯量为 I。车体沿质心 C 的上下垂直方向振动 x，车体绕质心 C 的前后俯仰方向振动 θ。理想化的轿车可以简化为两自由度振动系统，其系统运动微分方程为

$$\begin{cases} m\ddot{x}=-k_1(x-a\theta)-k_2(x+b\theta) \\ I\ddot{\theta}=k_1(x-a\theta)a-k_2(x+b\theta)b \end{cases}$$

经典的振动分析主要有两种方法：一种是按质点受力平衡原理，用牛顿定律或达朗贝尔原理建立振动系统运动微分方程；另一种是按能量守恒原理，用分析力学的拉格朗日方程建立振动系统运动微分方程。两种分析方法得到的系统运动状态完全相同。用牛顿定律建立方程时，需要对 n 自由度系统每个质点进行受力分析后才能得到系统运动微分方程。拉格朗

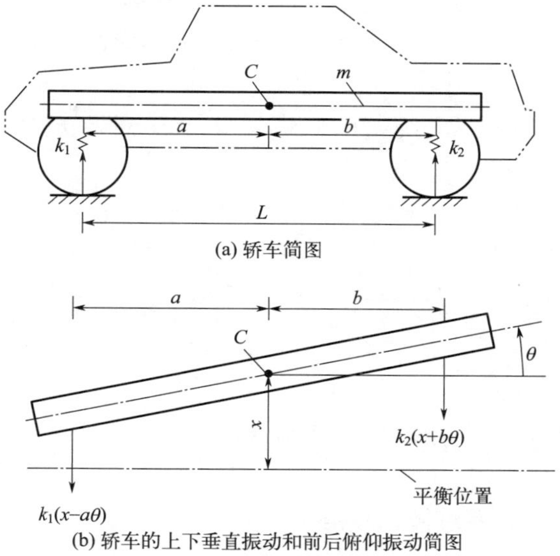

图 2-1　轿车振动系统模型简图

日方程从能量角度将质点的坐标转换为力学系统的自由度，应用时不需要求解系统中的约束反力，能根据系统能量和广义力关系直接得到系统运动微分方程。两种方法各自具有不同的优势和应用场景。牛顿定律在直观描述振动系统受力情况方面更为简单直接，而拉格朗日方程则在处理振动系统在复杂受力情况下的运动规律时展现出独特优势。

除了上述两种主要振动分析方法之外，对于分析、计算大型复杂结构振动特性十分有效的方法是子系统综合法，如模态综合法、机械阻抗综合法、传递矩阵法和有限单元法等。子系统综合法的核心就是把一个难以直接分析或测试的复杂系统或结构分解为若干个子系统，这些子系统往往也是多自由度系统，然后分别对每个子系统进行振动分析或测试，求出它们的振动特性，再根据各子系统连接界面的变形协调条件和力的平衡条件，进行“综合”“装配”，建立起整个系统的动力学运动方程，求解此方程，从而求出整个振动系统的固有属性。子系统综合法最大的优点就是子系统比总系统简单，便于分析、计算和测试。

本书主要应用基于质点受力平衡原理的牛顿定律和基于能量守恒原理的拉格朗日方程方法，且多数应用案例采用模态分析的方法来分析和计算振动系统的固有属性问题。

本章从最简单的两自由度线性振动系统开始，进而介绍多自由度线性振动系统及其MATLAB App 设计仿真。

2.1　两自由度线性振动系统

需要用两个独立坐标来描述其运动的振动系统称为两自由度振动系统。两自由度振动系统是多自由度振动系统的特例。典型的两自由度振动系统如图 2-1 和图 2-2 所示。

与单自由度振动系统相比较，两自由度振动系统在概念上有一些本质上的不同，即后者有固有振型而前者没有，因而两自由度振动系统与单自由度振动系统的振动分析方法不同。

但是，从两自由度振动系统到多自由度振动系统却没有本质上的差别，只是后者需要更为高效的数学计算处理方法。这种数学计算处理方法就是应用线性代数以及与之相联系的矩阵计算数字化方法。

本节介绍两自由度线性振动系统及其 MATLAB App 设计仿真。

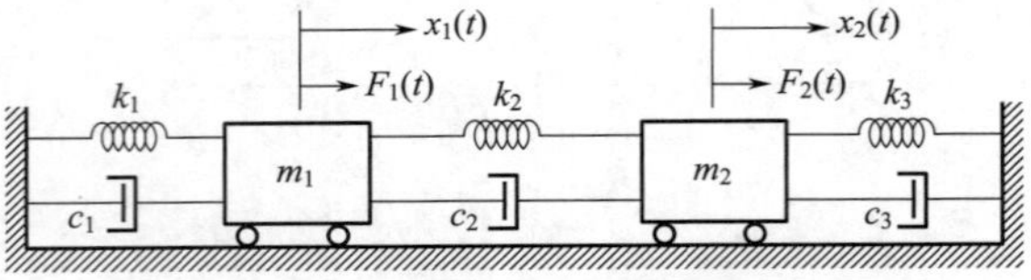

图 2-2　两自由度振动系统力学模型

2.1.1　两自由度线性振动系统微分方程

（1）两自由度线性振动系统微分方程

如图 2-2 所示两自由度振动系统力学模型，质量为 m_1 和 m_2 的质块分别与刚度为 k_1 的弹簧、阻尼系数为 c_1 的阻尼器和刚度为 k_3 的弹簧、阻尼系数为 c_3 的阻尼器连接于左右侧的支撑点，并与刚度为 k_2 的弹簧、阻尼系数为 c_2 的阻尼器相互连接。两质块可沿光滑水平面（不计摩擦）移动，它们在任何时刻的位置由独立坐标 $x_1(t)$、$x_2(t)$ 完全确定。

对图 2-2 中 m_1 和 m_2 取脱离体，得到图 2-3 所示脱离体的受力分析模型简图。

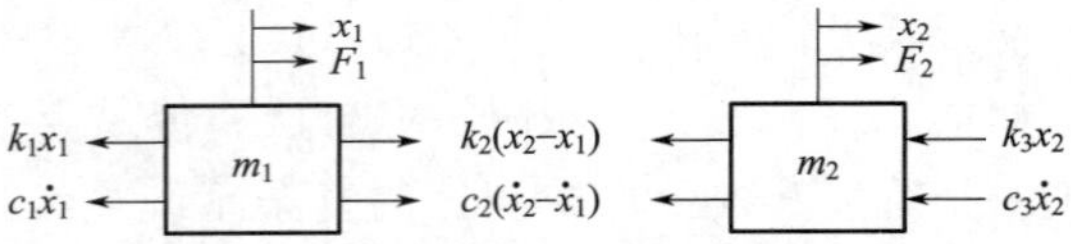

图 2-3　两自由度振动系统受力分析模型

按牛顿定律质点受力平衡原理列出两自由度线性系统运动微分方程为

$$m_1\ddot{x}_1(t)+(c_1+c_2)\dot{x}_1(t)-c_2\dot{x}_2(t)+(k_1+k_2)x_1(t)-k_2x_2(t)=F_1(t) \quad (2\text{-}1a)$$

$$m_2\ddot{x}_2(t)+(c_2+c_3)\dot{x}_2(t)-c_2\dot{x}_1(t)+(k_2+k_3)x_2(t)-k_2x_1(t)=F_2(t) \quad (2\text{-}1b)$$

从两个方程可以看到，对 m_1 取脱离体的式(2-1a) 中包含了 $x_2(t)$、$\dot{x}_2(t)$，对 m_2 取脱离体的式(2-1b) 中包含了 $x_1(t)$、$\dot{x}_1(t)$，这就使式(2-1a)和式(2-1b)成为方程组，其中 $x_1(t)$、$x_2(t)$ 称为位移耦合坐标，m_1 和 m_2 的运动是通过耦合项相互影响的。显然，当耦合项为零时，即 $c_2=k_2=0$ 时，对应着两个质块 m_1 和 m_2 之间没有任何物理连接，原来的两自由度振动系统就成了两个独立的单自由度振动系统。当系统中 m_1、m_2、k_1、k_2、k_3 为常数，c_1、c_2、c_3 为黏性阻尼系数时，振动系统被称为两自由度有阻尼线性振动系统。联立式(2-1a) 和式(2-1b) 得到二阶常系数非齐次线性微分方程组。

将微分方程组用矩阵形式表达，设定如下。

质量矩阵　　$$\boldsymbol{M}=\begin{bmatrix} m_1 & 0 \\ 0 & m_2 \end{bmatrix}$$

阻尼矩阵 $$\boldsymbol{C}=\begin{bmatrix} c_1+c_2 & -c_2 \\ -c_2 & c_2+c_3 \end{bmatrix}$$

刚度矩阵 $$\boldsymbol{K}=\begin{bmatrix} k_1+k_2 & -k_2 \\ -k_2 & k_2+k_3 \end{bmatrix}$$

位移列向量 $\boldsymbol{x}(t)=[x_1(t) \quad x_2(t)]^{\mathrm{T}}$

速度列向量 $\dot{\boldsymbol{x}}(t)=[\dot{x}_1(t) \quad \dot{x}_2(t)]^{\mathrm{T}}$

加速度列向量 $\ddot{\boldsymbol{x}}(t)=[\ddot{x}_1(t) \quad \ddot{x}_2(t)]^{\mathrm{T}}$

激振力列向量 $\boldsymbol{F}(t)=[F_1(t) \quad F_2(t)]^{\mathrm{T}}$

这样微分方程组［式(2-1a) 和式 (2-1b)］可进一步写成矩阵方程表达形式

$$\begin{bmatrix} m_1 & 0 \\ 0 & m_2 \end{bmatrix}\begin{bmatrix} \ddot{x}_1(t) \\ \ddot{x}_2(t) \end{bmatrix}+\begin{bmatrix} c_1+c_2 & -c_2 \\ -c_2 & c_2+c_3 \end{bmatrix}\begin{bmatrix} \dot{x}_1(t) \\ \dot{x}_2(t) \end{bmatrix}+\begin{bmatrix} k_1+k_2 & -k_2 \\ -k_2 & k_2+k_3 \end{bmatrix}\begin{bmatrix} x_1(t) \\ x_2(t) \end{bmatrix}=\begin{bmatrix} F_1(t) \\ F_2(t) \end{bmatrix} \tag{2-2a}$$

两自由度有阻尼线性系统矩阵微分方程的一般表达式为

$$\boldsymbol{M}\ddot{\boldsymbol{x}}(t)+\boldsymbol{C}\dot{\boldsymbol{x}}(t)+\boldsymbol{K}\boldsymbol{x}(t)=\boldsymbol{F}(t) \tag{2-2b}$$

微分方程中系数矩阵 $\boldsymbol{M}$、$\boldsymbol{C}$、$\boldsymbol{K}$ 的一般表达形式为

$$\boldsymbol{M}=\begin{bmatrix} m_{11} & m_{12} \\ m_{21} & m_{22} \end{bmatrix}; \quad \boldsymbol{C}=\begin{bmatrix} c_{11} & c_{12} \\ c_{21} & c_{22} \end{bmatrix}; \quad \boldsymbol{K}=\begin{bmatrix} k_{11} & k_{12} \\ k_{21} & k_{22} \end{bmatrix} \tag{2-3}$$

三个系数矩阵 $\boldsymbol{M}$、$\boldsymbol{C}$、$\boldsymbol{K}$ 中每个元素的物理意义（对多自由度系统同样适用）如下。

m_{ij}——当 j 子结构具有单位振动加速度 $\ddot{x}_j=1$，而其他子结构的振动加速度均为零时，i 子结构上会产生 $m_{ij}\ddot{x}_j=m_{ij}$ 的惯性力，说明 j 子结构（即 j 坐标）对 i 子结构（即 i 坐标）有惯性影响，也称惯性耦合。但对角元素 m_{ii} 或 m_{jj} 不存在两个坐标之间的惯性耦合问题。

c_{ij}——当 j 子结构具有单位振动速度 $\dot{x}_j=1$，而其他子结构的振动速度均为零时，i 子结构上会产生 $c_{ij}\dot{x}_j=c_{ij}$ 的阻尼力，说明 j 子结构（即 j 坐标）对 i 子结构（即 i 坐标）有阻尼影响，也称阻尼耦合。但对角元素 c_{ii} 或 c_{jj} 不存在两个坐标之间的阻尼耦合问题。

k_{ij}——当 j 子结构具有单位振动位移 $x_j=1$，而其他子结构的振动位移均为零时，i 子结构上会产生 $k_{ij}x_j=k_{ij}$ 的弹性力，说明 j 子结构（即 j 坐标）对 i 子结构（即 i 坐标）有弹性影响，也称弹性耦合。但对角元素 k_{ii} 或 k_{jj} 不存在两个坐标之间的弹性耦合问题。

系数矩阵 $\boldsymbol{M}$、$\boldsymbol{C}$、$\boldsymbol{K}$ 中各元素需要依据具体力学结构来确定。对图 2-2 的结构，其为 2×2 的非奇异常数矩阵和对称矩阵，但不一定是对角矩阵。$\boldsymbol{M}$、$\boldsymbol{C}$、$\boldsymbol{K}$ 完全决定了两自由度有阻尼线性振动系统的性质，$\ddot{\boldsymbol{x}}(t)$、$\dot{\boldsymbol{x}}(t)$、$\boldsymbol{x}(t)$、$\boldsymbol{F}(t)$ 均为二维列向量。同时矩阵微分方程［式(2-2b)］表达形式也完全适合 n 自由度有阻尼线性振动系统微分方程的一般表达式，只不过矩阵和向量的维数要与系统的自由度数 n 相匹配。

（2）两自由度无阻尼线性振动系统微分方程的坐标耦合

同一个振动系统可以选取不同的坐标系而建立不同形式的微分方程，如图 2-4 所示。

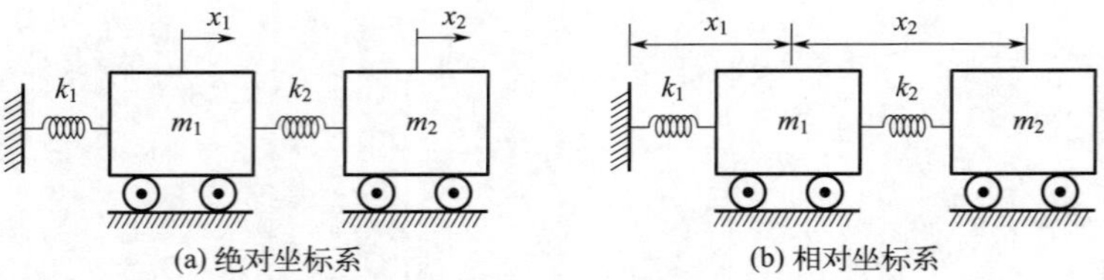

图 2-4　两自由度无阻尼线性振动系统的不同坐标系表达式

图 2-4(a) 采用绝对坐标系（物理坐标系），图 2-4(b) 采用相对坐标系（设计坐标系）。下面分别采用牛顿定律和拉格朗日方程来建立同一振动系统的两组运动微分方程。

如图 2-4(a)，按牛顿定律中质点受力平衡原理列出两自由度线性系统运动微分方程为

$$m_1\ddot{x}_1+(k_1+k_2)x_1-k_2x_2=0 \tag{2-4a}$$

$$m_2\ddot{x}_2-k_2x_1+k_2x_2=0 \tag{2-4b}$$

$$\begin{bmatrix} m_1 & 0 \\ 0 & m_2 \end{bmatrix}\begin{bmatrix} \ddot{x}_1 \\ \ddot{x}_2 \end{bmatrix}+\begin{bmatrix} k_1+k_2 & -k_2 \\ -k_2 & k_2 \end{bmatrix}\begin{bmatrix} x_1 \\ x_2 \end{bmatrix}=\begin{bmatrix} 0 \\ 0 \end{bmatrix} \tag{2-4c}$$

图 2-4(b) 所示系统的拉格朗日函数 L 为

$$L=T-V$$

式中，T 为系统动能；V 为系统势能。则有

$$\begin{cases} L=\dfrac{1}{2}m_1\dot{x}_1^2+\dfrac{1}{2}m_2(\dot{x}_1+\dot{x}_2)^2-\dfrac{1}{2}k_1x_1^2-\dfrac{1}{2}k_2x_2^2 \\ \quad=\dfrac{1}{2}m_1\dot{x}_1^2+\dfrac{1}{2}m_2(\dot{x}_1^2+2\dot{x}_1\dot{x}_2+\dot{x}_2^2)-\dfrac{1}{2}k_1x_1^2-\dfrac{1}{2}k_2x_2^2 \\ \dfrac{\partial L}{\partial \dot{x}_1}=m_1\dot{x}_1+m_2\dot{x}_1+m_2\dot{x}_2;\dfrac{\partial L}{\partial x_1}=-k_1x_1 \\ \dfrac{\partial L}{\partial \dot{x}_2}=m_2\dot{x}_1+m_2\dot{x}_2;\dfrac{\partial L}{\partial x_2}=-k_2x_2 \end{cases} \tag{2-5}$$

拉格朗日方程为

$$\frac{\mathrm{d}}{\mathrm{d}t}\left(\frac{\partial L}{\partial \dot{x}_1}\right)-\frac{\partial L}{\partial x_1}=0 \tag{2-6a}$$

$$\frac{\mathrm{d}}{\mathrm{d}t}\left(\frac{\partial L}{\partial \dot{x}_2}\right)-\frac{\partial L}{\partial x_2}=0 \tag{2-6b}$$

将拉格朗日函数［式(2-5)］代入拉格朗日方程［式(2-6)］中得到

$$(m_1+m_2)\ddot{x}_1+m_2\ddot{x}_2+k_1x_1=0 \tag{2-7a}$$

$$m_2\ddot{x}_1+m_2\ddot{x}_2+k_2x_2=0 \tag{2-7b}$$

$$\begin{bmatrix} m_1+m_2 & m_2 \\ m_2 & m_2 \end{bmatrix}\begin{bmatrix} \ddot{x}_1 \\ \ddot{x}_2 \end{bmatrix}+\begin{bmatrix} k_1 & 0 \\ 0 & k_2 \end{bmatrix}\begin{bmatrix} x_1 \\ x_2 \end{bmatrix}=\begin{bmatrix} 0 \\ 0 \end{bmatrix} \tag{2-7c}$$

由式(2-4c) 和式(2-7c) 可知，同一振动系统由于所选择的坐标系不同，建立的运动微分方程也可能完全不同。因此，选择特殊的坐标系就有可能使微分方程变得更简单。

① 方程的坐标耦合：当矩阵方程中 $\boldsymbol{M}$、$\boldsymbol{C}$、$\boldsymbol{K}$ 出现非对角矩阵时，称运动微分方程组存在坐标耦合。

② 惯性耦合或动力耦合：当 $\boldsymbol{M}=\begin{bmatrix} m_{11} & m_{12} \\ m_{21} & m_{22} \end{bmatrix}$ 中 $m_{12}=m_{21}\neq 0$ 时，即两个微分方程通过加速度 $\ddot{x}_1(t)$、$\ddot{x}_2(t)$ 相互耦合，称微分方程组存在惯性耦合或动力耦合，如式(2-7c)。

③ 弹性耦合或静力耦合：当 $\boldsymbol{K}=\begin{bmatrix} k_{11} & k_{12} \\ k_{21} & k_{22} \end{bmatrix}$ 中 $k_{12}=k_{21}\neq 0$ 时，即两个微分方程通过位移 $x_1(t)$、$x_2(t)$ 相互耦合，称微分方程组存在弹性耦合或静力耦合，如式(2-4c)。

④ 阻尼耦合：当 $\boldsymbol{C}=\begin{bmatrix} c_{11} & c_{12} \\ c_{21} & c_{22} \end{bmatrix}$ 中 $c_{12}=c_{21}\neq 0$ 时，即两个微分方程通过速度 $\dot{x}_1(t)$、$\dot{x}_2(t)$ 相互耦合，称微分方程组存在阻尼耦合。

⑤ 微分方程组无耦合（即方程解耦）与主坐标：由前可知，微分方程组耦合与否取决于所选用的坐标，而不是取决于系统的基本特征。当矩阵方程 $\boldsymbol{M}$、$\boldsymbol{C}$、$\boldsymbol{K}$ 同时满足对角矩阵条件时，称微分方程组无耦合。微分方程组解耦后，两自由度有阻尼线性振动系统运动微分方程可以用两个独立的单自由度二阶常系数线性微分方程表示。满足微分方程无耦合（解耦）的坐标称为方程的主坐标或自然坐标。

⑥ 物理坐标系：一般情况下，确定物体的空间位置或分析物体的机械运动时都采用物理坐标系，工程中常用的物理坐标系是笛卡儿坐标系。

2.1.2 两自由度无阻尼线性自由振动系统

（1）线性振动系统的模态分析法（也称振型分析法）

模态分析法是研究机械结构在动态载荷作用下振动系统固有属性（自然属性）的一种方法。每一个模态都有其特定的固有频率、阻尼比和模态振型等模态参数，分析这些模态参数的过程称为模态分析。模态分析的关键在于找到模态振型矩阵，该矩阵可以作为一种新坐标系的向量基。以此构建模态坐标系统，求得的系统响应量在这一坐标系中的坐标，称为模态坐标。应用模态振型矩阵作为向量基，就可以解除多自由度系统运动微分方程的内部耦合。方程解耦的具体方法是把物理坐标系转换到模态坐标系。由于振动系统主振型具有正交性，因此，选择振动系统的主振型作为坐标系的转换矩阵，转而变成求解振动系统的特征值和特征向量问题。系统特征值（即固有角频率的平方）和特征向量（即主振型或称模态振型、固有振型）是振动系统的两个主要模态参数，它们是振动系统的固有属性。

本书所涉及的特征值和特征向量是通过无阻尼线性系统的自由振动方程求解得到的。

（2）两自由度无阻尼线性自由振动系统固有频率

固有角频率是两自由度无阻尼线性自由振动系统的重要模态参数。

当图 2-2 所示两自由度系统中阻尼 $c_1=c_2=c_3=0$ 和外界激励 $F_1(t)=F_2(t)=0$ 时，即可得到一个两自由度无阻尼线性自由振动系统，如图 2-5 所示。

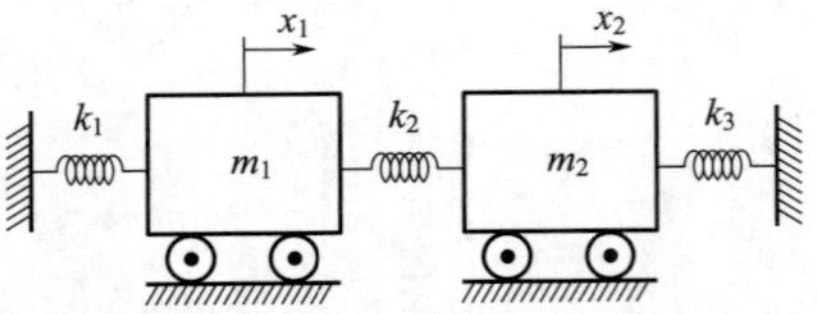

图 2-5　两自由度无阻尼线性自由振动系统力学模型

根据上述条件，式(2-1a)、式(2-1b) 可简化为如下微分方程组：

$$m_1\ddot{x}_1(t)+(k_1+k_2)x_1(t)-k_2x_2(t)=0 \tag{2-8a}$$

$$m_2\ddot{x}_2(t)+(k_2+k_3)x_2(t)-k_2x_1(t)=0 \tag{2-8b}$$

矩阵微分方程表达式为

$$\begin{bmatrix} m_1 & 0 \\ 0 & m_2 \end{bmatrix}\begin{bmatrix} \ddot{x}_1(t) \\ \ddot{x}_2(t) \end{bmatrix}+\begin{bmatrix} k_1+k_2 & -k_2 \\ -k_2 & k_2+k_3 \end{bmatrix}\begin{bmatrix} x_1(t) \\ x_2(t) \end{bmatrix}=\begin{bmatrix} 0 \\ 0 \end{bmatrix} \tag{2-9}$$

其中
$$m_{11}=m_1;\ m_{22}=m_2;\ m_{12}=m_{21}=0$$

$$k_{11}=k_1+k_2;\ k_{22}=k_2+k_3;\ k_{12}=k_{21}=-k_2$$

假如 m_1 和 m_2 以相同的角频率 ω 和相角 ψ 做简谐运动，则微分方程组［式(2-8a)、式(2-8b)］的简谐解为

$$\begin{cases} x_1(t)=X_1\cos(\omega t+\psi) \\ x_2(t)=X_2\cos(\omega t+\psi) \end{cases} \tag{2-10}$$

式中，常量 X_1 和 X_2 分别是 $x_1(t)$ 和 $x_2(t)$ 的位移最大振幅，称为 m_1 和 m_2 的振幅，ψ 是相角。将式(2-10) 代入式(2-8a) 和式(2-8b) 中，可得

$$\begin{cases} \{[-m_1\omega^2+(k_1+k_2)]X_1-k_2X_2\}\cos(\omega t+\psi)=0 \\ \{-k_2X_1+[-m_2\omega^2+(k_2+k_3)]X_2\}\cos(\omega t+\psi)=0 \end{cases} \tag{2-11}$$

由于 $\cos(\omega t+\psi)\neq 0$，方程可以简化为

$$\begin{cases} [-m_1\omega^2+(k_1+k_2)]X_1-k_2X_2=0 \\ -k_2X_1+[-m_2\omega^2+(k_2+k_3)]X_2=0 \end{cases} \tag{2-12}$$

式(2-12) 是关于未知量 X_1 和 X_2 的两个联立齐次代数方程。求解 X_1 和 X_2 的非零解，其系数矩阵的行列式必须为零，即

$$\begin{vmatrix} -m_1\omega^2+(k_1+k_2) & -k_2 \\ -k_2 & -m_2\omega^2+(k_2+k_3) \end{vmatrix}=0 \tag{2-13}$$

展开行列式可得如下方程：

$$m_1m_2\omega^4-[(k_1+k_2)m_2+(k_2+k_3)m_1]\omega^2+(k_1+k_2)(k_2+k_3)-k_2^2=0 \tag{2-14}$$

式(2-14) 称为系统的频率方程或特征方程，该方程的解只与系统的结构弹性特性（k_1、

k_2、k_3）和惯性特性（m_1、m_2）有关，与初始条件和外部激励等均无关。由式(2-14)可以求得特征方程的两个特征根 ω_{n1}^2 和 ω_{n2}^2 为

$$\begin{matrix}\omega_{n1}^2\\ \omega_{n2}^2\end{matrix}=\frac{1}{2}\left(\frac{(k_1+k_2)m_2+(k_2+k_3)m_1}{m_1m_2}\right)\mp\frac{1}{2}\left[\left(\frac{(k_1+k_2)m_2+(k_2+k_3)m_1}{m_1m_2}\right)^2 -4\left(\frac{(k_1+k_2)(k_2+k_3)-k_2^2}{m_1m_2}\right)\right]^{\frac{1}{2}} \tag{2-15}$$

当特征根的频率等于非负的 ω_{n1} 或 ω_{n2} 时（$\omega<0$ 时，工程中无意义），系统具有形如式(2-10)所示的非零简谐解是可能的，也就是说两自由度无阻尼振动系统具有两种不同频率 ω_{n1} 或 ω_{n2} 的同步自由振动状态。因此，ω_{n1}、ω_{n2} 被称为系统的两个固有角频率（自然频率）。将两个固有角频率按由低到高顺序排列（$\omega_{n1}<\omega_{n2}$），称 ω_{n1} 为系统第一阶固有频率（基频），ω_{n2} 为系统第二阶固有频率。可见，两自由度系统的自由振动同时包含 ω_{n1}、ω_{n2} 两个频率成分，特殊情况下也可能仅以第一阶固有频率 ω_{n1} 或仅以第二阶固有频率 ω_{n2} 为振动频率做自由振动。

（3）两自由度无阻尼线性振动系统固有振型

固有振型是两自由度线性振动系统的重要模态参数，即系统特征向量。

式(2-10)简谐解中的 X_1 和 X_2 是待定的，它们的值依赖于固有角频率 ω_{n1} 和 ω_{n2}。将与 ω_{n1} 对应的 X_1 和 X_2 的值记为 $X_1^{(1)}$ 和 $X_2^{(1)}$，与 ω_{n2} 对应的 X_1 和 X_2 的值记为 $X_1^{(2)}$ 和 $X_2^{(2)}$。既然式(2-12)是齐次的，所以只能求得振幅比 $r_1=\dfrac{X_2^{(1)}}{X_1^{(1)}}$和 $r_2=\dfrac{X_2^{(2)}}{X_1^{(2)}}$。

令式(2-12)中的 $\omega^2=\omega_{n1}^2$ 和 $\omega^2=\omega_{n2}^2$，可分别求得

$$r_1=\frac{X_2^{(1)}}{X_1^{(1)}}=\frac{-m_1\omega_{n1}^2+(k_1+k_2)}{k_2}=\frac{k_2}{-m_2\omega_{n1}^2+(k_2+k_3)} \tag{2-16a}$$

$$r_2=\frac{X_2^{(2)}}{X_1^{(2)}}=\frac{-m_1\omega_{n2}^2+(k_1+k_2)}{k_2}=\frac{k_2}{-m_2\omega_{n2}^2+(k_2+k_3)} \tag{2-16b}$$

由上式可见，自由振动系统的振幅比 r_1、r_2 只取决于系统本身的物理结构。系统仅以某阶固有频率为振动频率所做的自由振动称为系统对应的该阶主振动。即以 ω_{n1} 作为自由振动频率时称为第一阶主振动，以 ω_{n2} 作为自由振动频率时称为第二阶主振动。因此，两自由度系统的主振动可以表示为

$$\boldsymbol{x}^{(1)}(t)=\begin{bmatrix}x_1^{(1)}(t)\\ x_2^{(1)}(t)\end{bmatrix}=\begin{bmatrix}X_1^{(1)}\cos(\omega_{n1}t+\psi_1)\\ r_1X_1^{(1)}\cos(\omega_{n1}t+\psi_1)\end{bmatrix} \tag{2-17a}$$

$$\boldsymbol{x}^{(2)}(t)=\begin{bmatrix}x_1^{(2)}(t)\\ x_2^{(2)}(t)\end{bmatrix}=\begin{bmatrix}X_1^{(2)}\cos(\omega_{n2}t+\psi_2)\\ r_2X_1^{(2)}\cos(\omega_{n2}t+\psi_2)\end{bmatrix} \tag{2-17b}$$

与 ω_{n1} 和 ω_{n2} 对应的两个振动状态的幅值可以分别表示为

$$\boldsymbol{X}^{(1)}=\begin{bmatrix}X_1^{(1)} & X_2^{(1)}\end{bmatrix}^{\mathrm{T}}=\begin{bmatrix}X_1^{(1)} & r_1X_1^{(1)}\end{bmatrix}^{\mathrm{T}}=X_1^{(1)}\begin{bmatrix}1 & r_1\end{bmatrix}^{\mathrm{T}} \tag{2-18a}$$

$$\boldsymbol{X}^{(2)}=\begin{bmatrix}X_1^{(2)} & X_2^{(2)}\end{bmatrix}^{\mathrm{T}}=\begin{bmatrix}X_1^{(2)} & r_2X_1^{(2)}\end{bmatrix}^{\mathrm{T}}=X_1^{(2)}\begin{bmatrix}1 & r_2\end{bmatrix}^{\mathrm{T}} \tag{2-18b}$$

$$\boldsymbol{X}=\begin{bmatrix}X_1^{(1)} & X_1^{(2)}\\ X_2^{(1)} & X_2^{(2)}\end{bmatrix}=\begin{bmatrix}X_1^{(1)} & X_1^{(2)}\\ r_1X_1^{(1)} & r_2X_1^{(2)}\end{bmatrix} \tag{2-18c}$$

可见，在主振动状态下，不仅是振幅，整个振动过程都是成比例的，即整个振动过程的运动形态是固定的，而振动形态取决于振幅比。因此，主振动的状态完全可以用振幅向量或振幅比来描述。主振动振幅向量$\boldsymbol{X}^{(1)}$ 称为系统第一阶模态向量（一阶模态主振型）、主振动振幅向量$\boldsymbol{X}^{(2)}$ 称为系统第二阶模态向量（二阶模态主振型），$\boldsymbol{X}$ 称为系统模态振型矩阵（模态主振型）。两自由度振动系统具有两个正交的模态向量。由于模态向量仅仅反映各个振幅之间的比例关系且与各个振幅的绝对值大小无关，因此，在$\boldsymbol{X}^{(1)}$ 和$\boldsymbol{X}^{(2)}$ 的振幅向量中各消去一个公因子（$X_1^{(1)}$、$X_1^{(2)}$）后，仍然是与主振动振幅成比例的振幅模态向量。这种对于模态振型的取值方法被称为模态振型正规化（或称标准化、正则化），即

$$\boldsymbol{u}^{(1)}=\begin{bmatrix}1 & r_1\end{bmatrix}^{\mathrm{T}} \tag{2-19a}$$

$$\boldsymbol{u}^{(2)}=\begin{bmatrix}1 & r_2\end{bmatrix}^{\mathrm{T}} \tag{2-19b}$$

$$\boldsymbol{u}=\begin{bmatrix}1 & 1\\ r_1 & r_2\end{bmatrix} \tag{2-19c}$$

$\boldsymbol{u}^{(1)}$ 称为系统的第一阶正规化模态向量（一阶正规化主振型），$\boldsymbol{u}^{(2)}$ 称为系统的第二阶正规化模态向量（二阶正规化主振型），$\boldsymbol{u}$ 称为系统的正规化模态振型矩阵（正规化主振型）。正规化过程没有什么物理意义，仅仅是为了振型表达方便。

（4）主振型（固有振型）的物理意义

如图 2-6(a) 所示两自由度线性振动系统，具有两个固有频率和两个主振型。其中每一阶主振型，指的是系统振动频率以此阶固有频率振动时两个自由度坐标 $x_1(t)$ 和 $x_2(t)$ 之间振幅值的比例关系和一定的相位关系。也就是说，主振型向量$\boldsymbol{X}^{(1)}$ 和$\boldsymbol{X}^{(2)}$ 中的数值只表示各子结构振幅的比值，不是振幅的具体大小。图 2-6(b) 所示为一阶主振型，为两个质量 m_1 和 m_2 以固有角频率 ω_{n1} 同步同相振动比值型态，图 2-6(c) 所示为二阶主振型，为两个质量 m_1 和 m_2 以固有角频率 ω_{n2} 同步反相振动比值型态。

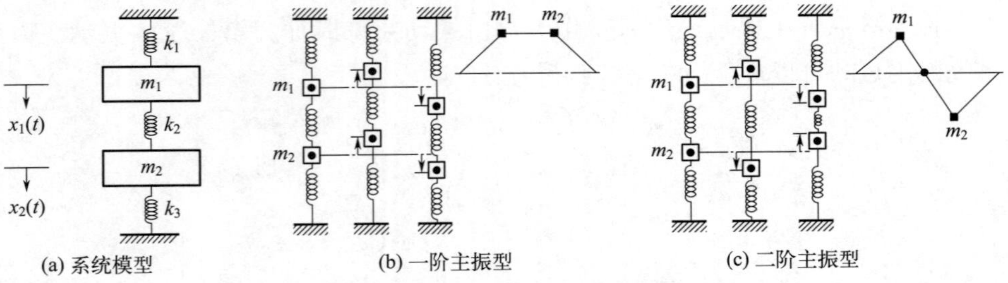

图 2-6　两自由度无阻尼自由振动系统及两个主振型

（5）两自由度无阻尼线性振动系统坐标耦合与模态坐标系

物理坐标系 $\boldsymbol{x}(t)=[x_1 \quad x_2]^{\mathrm{T}}$

模态坐标系（主坐标系） $\boldsymbol{\eta}(t)=[\eta_1 \quad \eta_2]^{\mathrm{T}}$

模态振型（非奇异常数矩阵） $\boldsymbol{X}=\begin{bmatrix} X_1^{(1)} & X_1^{(2)} \\ r_1X_1^{(1)} & r_2X_1^{(2)} \end{bmatrix}$

物理坐标系的振动系统微分方程组中可能包含惯性耦合和弹性耦合。模态坐标系是沿着固有振型方向的正交广义坐标系，故也称为自然坐标系。模态坐标系利用了主振型之间的正交性，消除了微分方程组中的惯性耦合和弹性耦合，这一过程称为方程解耦。由于方程不存在坐标耦合，模态坐标系的微分方程组中每个自由度对应的微分方程是独立的，故可以按单自由度微分方程进行求解。需要注意的是，从物理模型到模态模型的转换过程，从物理意义上来认识，是一种从力的平衡方程变为能量平衡方程的过程。在物理坐标系中，其质量矩阵、刚度矩阵中一般有一个或者两个都是非对角阵，使微分方程不能解耦。而在模态坐标系中，模态坐标 η_i 代表在位移向量中第 i 阶模态振型所作的贡献，位移响应向量是各阶模态振型独立贡献叠加的结果。这里需要指出的是，模态坐标系一般无明显的物理意义，难以直接用于微分方程的建立，以模态坐标系表示的微分方程一般是由物理坐标系变换而来的。

理论上可以证明，模态坐标系 $\boldsymbol{\eta}(t)$ 与物理坐标系 $\boldsymbol{x}(t)$ 之间的变换关系式为

$$\boldsymbol{x}(t)=\boldsymbol{X}\boldsymbol{\eta}(t) \tag{2-20}$$

式(2-20) 表现了每个模态振型对系统响应 $\boldsymbol{x}(t)$ 的贡献，所以称为模态叠加原理。

应用式(2-20) 变换关系式时要注意，由于工程中对实际机械结构的简化会带来误差，因此从模态坐标系转换到物理坐标系的实践应用中会存在一些有待研究和探讨的问题。

用模态坐标 $\boldsymbol{\eta}(t)$ 替换物理坐标 $\boldsymbol{x}(t)$ 后，系统既无惯性耦合又无弹性耦合，即微分方程组［式(2-8)］转换成如下两个独立的二阶常系数线性微分方程：

$$\ddot{\eta}_1(t)+\omega_{n1}^2\eta_1(t)=0 \tag{2-21a}$$

$$\ddot{\eta}_2(t)+\omega_{n2}^2\eta_2(t)=0 \tag{2-21b}$$

（6）两自由度无阻尼线性振动系统的自由响应

对于任意的初始激励，两自由度无阻尼线性振动系统自由响应是两个模态振型的叠加

$$x(t)=x^{(1)}(t)+x^{(2)}(t) \tag{2-22a}$$

$$x_1(t)=x_1^{(1)}(t)+x_1^{(2)}(t)=X_1^{(1)}\cos(\omega_{n1}t+\psi_1)+X_1^{(2)}\cos(\omega_{n2}t+\psi_2) \tag{2-22b}$$

$$x_2(t)=x_2^{(1)}(t)+x_2^{(2)}(t)=r_1X_1^{(1)}\cos(\omega_{n1}t+\psi_1)+r_2X_1^{(2)}\cos(\omega_{n2}t+\psi_2) \tag{2-22c}$$

式(2-22b)、式(2-22c) 中未知常量 $X_1^{(1)}$、$X_1^{(2)}$、ψ_1、ψ_2 可由如下初始条件确定：

$$x_1(0)=X_1^{(1)}\cos\psi_1+X_1^{(2)}\cos\psi_2$$

$$\dot{x}_1(0)=-\omega_{n1}X_1^{(1)}\sin\psi_1-\omega_{n2}X_1^{(2)}\sin\psi_2$$

$$x_2(0)=r_1X_1^{(1)}\cos\psi_1+r_2X_1^{(2)}\cos\psi_2$$

$$\dot{x}_2(0)=-\omega_{n1}r_1X_1^{(1)}\sin\psi_1-\omega_{n2}r_2X_1^{(2)}\sin\psi_2$$

这是一个关于未知量 $X_1^{(1)}\cos\psi_1$、$X_1^{(2)}\cos\psi_2$、$X_1^{(1)}\sin\psi_1$、$X_1^{(2)}\sin\psi_2$ 的四元一次代数方

程组，其解为

$$X_1^{(1)}\cos\psi_1=\frac{r_2x_1(0)-x_2(0)}{r_2-r_1};X_1^{(2)}\cos\psi_2=\frac{-r_1x_1(0)+x_2(0)}{r_2-r_1}$$

$$X_1^{(1)}\sin\psi_1=\frac{-r_2\dot{x}_1(0)+\dot{x}_2(0)}{\omega_{n1}(r_2-r_1)};X_1^{(2)}\sin\psi_2=\frac{r_1\dot{x}_1(0)-\dot{x}_2(0)}{\omega_{n2}(r_2-r_1)}$$

由此解得方程中的 $X_1^{(1)}$、$X_1^{(2)}$、ψ_1、ψ_2 分别为

$$X_1^{(1)}=[(X_1^{(1)}\cos\psi_1)^2+(X_1^{(1)}\sin\psi_1)^2]^{1/2}$$

$$=\frac{1}{r_2-r_1}\left\{[r_2x_1(0)-x_2(0)]^2+\frac{[-r_2\dot{x}_1(0)+\dot{x}_2(0)]^2}{\omega_{n1}^2}\right\}^{1/2}$$

$$X_1^{(2)}=[(X_1^{(2)}\cos\psi_2)^2+(X_1^{(2)}\sin\psi_2)^2]^{1/2}$$

$$=\frac{1}{r_2-r_1}\left\{[-r_1x_1(0)+x_2(0)]^2+\frac{[r_1\dot{x}_1(0)-\dot{x}_2(0)]^2}{\omega_{n2}^2}\right\}^{1/2}$$

$$\psi_1=\arctan\frac{X_1^{(1)}\sin\psi_1}{X_1^{(1)}\cos\psi_1}=\frac{-r_2\dot{x}_1(0)+\dot{x}_2(0)}{\omega_{n1}[r_2x_1(0)-x_2(0)]}$$

$$\psi_2=\arctan\frac{X_1^{(2)}\sin\psi_2}{X_1^{(2)}\cos\psi_2}=\frac{r_1\dot{x}_1(0)-\dot{x}_2(0)}{\omega_{n2}[-r_1x_1(0)+x_2(0)]}$$

至此，得到两自由度无阻尼线性振动系统对于任意初始激励的自由振动响应 $\boldsymbol{x}(t)$。由于 $\boldsymbol{x}(t)$ 是两种不同频率模态振型的线性叠加，所以一般不是简谐振动，甚至可能是非周期振动。

（7）两自由度无阻尼线性系统自由振动拉格朗日方程数值求解

用拉格朗日方程建立运动微分方程，可以避免未知约束反力的出现，简化推导过程。

如果作用于质点系上的主动力都是保守力（非保守力为零），则系统的拉格朗日方程为

$$\frac{\mathrm{d}}{\mathrm{d}t}\left(\frac{\partial L}{\partial \dot{x}_k}\right)-\frac{\partial L}{\partial x_k}=0 \quad k=1,2,\cdots,n \tag{2-23}$$

式中，$L=T-V$，为拉格朗日函数，对于保守系统需计算系统动能 T 和势能 V；x_k，$\dot{x}_k$ 为第 k 个广义坐标和广义速度；n 为质点系自由度数目。

图 2-5 所示系统，以 x_1、x_2 为广义坐标，则两自由度振动系统的拉格朗日函数为

$$L=\frac{1}{2}m_1\dot{x}_1^2+\frac{1}{2}m_2\dot{x}_2^2-\frac{1}{2}k_1x_1^2-\frac{1}{2}k_3x_2^2-\frac{1}{2}k_2(x_2-x_1)^2 \tag{2-24}$$

将拉格朗日函数 L 代入拉格朗日方程得

$$m_1\ddot{x}_1^2-k_2x_2+(k_1+k_2)x_1=0 \tag{2-25a}$$

$$m_2\ddot{x}_2^2-k_2x_1+(k_2+k_3)x_2=0 \tag{2-25b}$$

这是一个可视为 m_1、m_2 两个质点系的无阻尼线性系统运动微分方程组。

定义向量 $\boldsymbol{y}$ 的矩阵

$$\boldsymbol{y}=\begin{bmatrix}x_1 & \frac{\mathrm{d}x_1}{\mathrm{d}t} & x_2 & \frac{\mathrm{d}x_2}{\mathrm{d}t}\end{bmatrix}$$

矩阵的微分为

$$\frac{\mathrm{d}y}{\mathrm{d}t}=\begin{bmatrix}\frac{\mathrm{d}x_1}{\mathrm{d}t} & \frac{\mathrm{d}^2x_1}{\mathrm{d}t^2} & \frac{\mathrm{d}x_2}{\mathrm{d}t} & \frac{\mathrm{d}^2x_2}{\mathrm{d}t^2}\end{bmatrix}$$

创建由 MATLAB 函数 ode45 调用的 MATLAB App 子函数：

```
[t,y]=ode45(@ lu_2_1fun,[0:0.05:tfinal],y0)          % 函数调用格式
function ydot=lu_2_1fun(t,y)                          % 子函数
ydot=[y(2);
(k2*y(3)-(k1+k2)*y(1))/m1;                            % 式(2-25a)
y(4);
(k2*y(1)-(k3+k2)*y(3))/m2];                           % 式(2-25b)
end
```

2.1.3 两自由度无阻尼线性自由振动系统 MATLAB App 仿真

【仿真 2-1】 如图 2-5 所示，已知两自由度无阻尼线性振动系统的质量矩阵 $\boldsymbol{M}$、刚度矩阵 $\boldsymbol{K}$、初始位移 $\boldsymbol{x}(0)$ 和初始速度 $\dot{\boldsymbol{x}}(0)$。建立两自由度无阻尼线性系统自由振动的 MATLAB App 仿真。

(1) MATLAB App 窗口设计

两自由度无阻尼线性自由振动系统曲线 MATLAB App 仿真窗口，如图 2-7 所示。

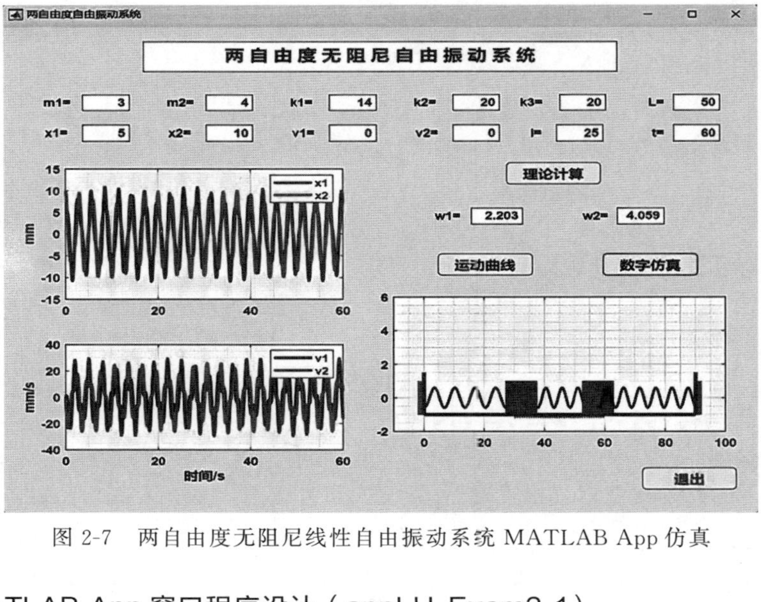

图 2-7 两自由度无阻尼线性自由振动系统 MATLAB App 仿真

(2) MATLAB App 窗口程序设计（appLU_Exam2_1）

① 私有属性创建：

```
properties(Access=private)
  % 私有属性具体含义见程序
```

```
  y;t;k1;k2;k3;l;L;m1;m2;x1;x2;x10;x20;v1;v2;tfinal;
end
```

② 设置窗口启动回调函数：

```
app.Button_2.Enable='off';                                  % 屏蔽【运动曲线】
app.Button_3.Enable='off';                                  % 屏蔽【数字仿真】
```

③【理论计算】回调函数：

```
app.m1=app.m1EditField.Value;                               % m1-质量 1
m1=app.m1;
app.m2=app.m2EditField.Value;                               % m2-质量 2
m2=app.m2;
app.k1=app.k1EditField.Value;                               % k1-弹簧 1 刚度
k1=app.k1;
app.k2=app.k2EditField.Value;                               % k2-弹簧 2 刚度
k2=app.k2;
app.k3=app.k3EditField.Value;                               % k3-弹簧 3 刚度
K3=app.k3;
app.x10=app.x1EditField.Value;                              % x1-初始位移 1
x10=app.x10;
app.x20=app.x2EditField.Value;                              % x2-初始位移 2
x20=app.x20;
app.v1=app.v1EditField.Value;                               % v1-初始速度 1
v1=app.v1;
app.v2=app.v2EditField.Value;                               % v2-初始速度 2
v2=app.v2;
app.L=app.LEditField.Value;                                 % L-弹簧 2 的长度
L=app.L;
app.l=app.lEditField.Value;                                 % l-弹簧 1 的长度
l=app.l;
app.tfinal=app.tEditField.Value;                            % tfinal-仿真时间
tfinal=app.tfinal;
y0=[x10,v1,x20,v2];                                         % 微分方程初始条件
[t,y]=ode45(@lu_2_1fun,[0:0.05:tfinal],y0);                 % 微分方程求解
app.t=t;                                                    % t-私有属性
ax1=(k2*y(:,3)-(k1+k2)*y(:,1))/m1;                          % ax1-加速度 1
ax2=(k2*y(:,1)-k2*y(:,3))/m2;                               % ax2-加速度 2
app.y=[y,ax1,ax2];                                          % y 私有属性
app.x1=-l-y(:,1);
app.x2=-L-y(:,3);
app.Button_2.Enable='on';                                   % 开启【运动曲线】
```

```
app.Button_3.Enable='on';                                   % 开启【数字仿真】
% 系统运动微分方程子函数
function ydot=lu_2_1fun(t,y)
m1=app.m1;m2=app.m2;
k1=app.k1;k2=app.k2;k3=app.k3;
ydot=[y(2);
     (k2*y(3)-(k1+k2)*y(1))/m1;
     y(4);
     (k2*y(1)-(k2+k3)*y(3))/m2];
end
% 振动模态和固有角频率
K=[k1+k2,-k2;-k2,k2+k3];                                    % K-刚度矩阵
M=diag([m1,m2]);                                            % M-质量矩阵
[Modes,Eigenvalues]=eig(K,M);                               % 特征向量和特征值
w1=sqrt(Eigenvalues(1,1));                                  % 一阶自然频率
w2=sqrt(Eigenvalues(2,2));                                  % 二阶自然频率
app.w1EditField.Value=w1;                                   % w1 显示
app.w2EditField.Value=w2;                                   % w2 显示
```

④【运动曲线】回调函数：

```
t=app.t;y=app.y;                                            % 私有属性
cla(app.UIAxes);cla(app.UIAxes_2);cla(app.UIAxes_3)         % 清除图形
plot(app.UIAxes,t,y(:,1),'m',t,y(:,3),'b','LineWidth',2)    % 位移曲线
ylabel(app.UIAxes,'mm')
legend(app.UIAxes,'x1','x2')
plot(app.UIAxes_2,t,y(:,2),'m',t,y(:,4),'b','LineWidth',2)  % 速度曲线
xlabel(app.UIAxes_2,'时间/s');
ylabel(app.UIAxes_2,'mm/s')
legend(app.UIAxes_2,'v1','v2')
```

⑤【数字仿真】回调函数：

```
t=app.t;y=app.y;L=app.L;l=app.l;m1=app.m1;m2=app.m2;        % 私有属性
k1=app.k1;k2=app.k2;k2=app.k2;k3=app.k3;                    % 私有属性
x1=app.x1;x2=app.x2;                                        % 私有属性
cla(app.UIAxes_4)                                           % 清除原图形
axis(app.UIAxes_4,[-10,100,-2,6])                           % 绘图范围
line(app.UIAxes_4,[0,0],[-1,1.5],'color','k','linewidth',3); % 左侧地面线
% 绘制左侧蓝色地面斜线
a20=linspace(-1,1,20);
for i=1:19
a30=(a20(i)+a20(i+1))/2;
```

```
line(app.UIAxes_4,[0,-2],[a20(i),a30],'color','b','linestyle','-','linewidth',1);
end
% 绘制水平蓝色地面斜线
line(app.UIAxes_4,[0,90],[-1,-1],'color','k','linewidth',3);      % 水平地面线
a20=linspace(30,60,40);
for i=1:39
a30=(a20(i)+a20(i+1))/2;
line(app.UIAxes_4,[a20(i),a30],[-1,-1.2],'color','b','linestyle','-','linewidth',1);
end
% 绘制右侧蓝色地面斜线
line(app.UIAxes_4,[90,90],[-1,1.5],'color','k','linewidth',3);     % 右侧地面线
a20=linspace(-1,1,20);
for i=1:19
a30=(a20(i)+a20(i+1))/2;
line(app.UIAxes_4,[90,92],[a20(i),a30],'color','b','linestyle','-','linewidth',1)
end
% 设置绘图句柄
yt2=-x1(1):0.3:-x2(1);
xt2=0.6*sin(1*yt2);                                               % 弹簧 2 的 x 范围
tanhuang2=line(app.UIAxes_4,yt2,xt2,'color','k','linewidth',2);  % k2 句柄
ban2=line(app.UIAxes_4,[-x2(1),-x2(1)],[-1,1],'color','b','linewidth',25);
                                                                  % m2 句柄
yt1=0:0.3:-x1(1);
xt1=0.6*sin(1*yt1);                                               % 弹簧 1 的 x 范围
tanhuang1=line(app.UIAxes_4,yt1,xt1,'color','k','linewidth',2);  % k1 句柄
ban1=line(app.UIAxes_4,[-x1(1),-x1(1)],[-1,1],'color','b','linewidth',25);
                                                                  % m1 句柄
yt3=-x2(1):0.3:90;
xt3=0.6*sin(1*yt3);                                               % 弹簧 3 的 x 范围
tanhuang3=line(app.UIAxes_4,yt3,xt3,'color','k','linewidth',2);  % k3 句柄
n=length(y);
for i=1:n
%绘制弹簧 2
yt2=x2(i):0.3:x1(i)+0.05*1;
xt2=0.6*sin(1*(yt2-x2(i))*(x2(1)-x1(1))/(x2(i)-x1(i)));
set(tanhuang2,'xdata',-yt2,'ydata',xt2)
%绘制弹簧 3
yt3=-x2(i):0.3:90;
xt3=0.6*sin(1*(yt3-x2(i))*(x2(1)-x1(1))/(x2(i)-x1(i)));
set(tanhuang3,'xdata',yt3,'ydata',xt3)
```

```
%绘制弹簧 1
yt1=x1(i):0.3:0;
xt1=0.6*sin(1*(yt1-x1(i))*(-x1(1))/(-x1(i)));
set(tanhuang1,'xdata',-yt1,'ydata',xt1)
set(ban1,'xdata',[-x1(i),-x1(i)],'ydata',[-1,1])
set(ban2,'xdata',[-x2(i),-x2(i)],'ydata',[-1,1])
drawnow
end
```

⑥【退出】回调函数：

```
sel=questdlg('确认关闭应用程序？','关闭确认,',' Yes','No','No');
switch sel
case'Yes'
delete(app)
case'No'
end
```

2.1.4 两自由度有阻尼线性自由振动系统

当微分方程［式(2-2)］中 $\boldsymbol{F}(t)=\boldsymbol{0}$ 时，系统有阻尼线性自由振动矩阵微分方程表示为

$$\boldsymbol{M}\ddot{\boldsymbol{x}}(t)+\boldsymbol{C}\dot{\boldsymbol{x}}(t)+\boldsymbol{K}\boldsymbol{x}(t)=\boldsymbol{0} \tag{2-26}$$

式中，$\boldsymbol{C}$ 为黏性阻尼矩阵，且阻尼满足欠阻尼条件。

当把一般阻尼矩阵 $\boldsymbol{C}$ 加入到两自由度有阻尼线性系统中时，要想让系统模态精确解耦是非常困难的，因为这时系统解是复数，所以导致复模态计算。为避免复模态分析，工程中常假设阻尼为瑞利（Rayleigh）阻尼，即认为阻尼矩阵 $\boldsymbol{C}$ 是质量矩阵 $\boldsymbol{M}$ 和刚度矩阵 $\boldsymbol{K}$ 的线性组合。

$$\boldsymbol{C}=\alpha\boldsymbol{M}+\beta\boldsymbol{K}\quad(\alpha\geqslant0,\beta\geqslant0) \tag{2-27}$$

满足式(2-27) 的 $\boldsymbol{C}$ 也称比例阻尼矩阵。当假设 $\boldsymbol{C}$ 为比例阻尼矩阵时，可以采用实模态分析法完成方程模态的解耦计算。当然这种近似假设所引起的分析误差是不可忽略的。如果 $\boldsymbol{C}$ 为非比例阻尼矩阵，则会导致复模态计算，然而系统仍可以是线性的。若用复模态法进行分析，由于所涉及问题的计算过于复杂，在运算过程中势必要做一定的近似假设，这种近似假设所引起的误差同样不可忽略。可见两种方法都会产生误差，只是产生误差的原因不同而已。

把式(2-27) 代入式(2-26)，则系统矩阵微分方程可表示为

$$\boldsymbol{M}\ddot{\boldsymbol{x}}(t)+(\alpha\boldsymbol{M}+\beta\boldsymbol{K})\dot{\boldsymbol{x}}(t)+\boldsymbol{K}\boldsymbol{x}(t)=\boldsymbol{0} \tag{2-28}$$

把式(2-20) 代入式(2-28)，可得

$$\boldsymbol{M}\boldsymbol{X}\ddot{\boldsymbol{\eta}}(t)+(\alpha\boldsymbol{M}+\beta\boldsymbol{K})\boldsymbol{X}\dot{\boldsymbol{\eta}}(t)+\boldsymbol{K}\boldsymbol{X}\boldsymbol{\eta}(t)=\boldsymbol{0} \tag{2-29}$$

用 $\boldsymbol{X}^{\mathrm{T}}$ 左乘式(2-29)，矩阵微分方程为

$$\boldsymbol{X}^{\mathrm{T}}\boldsymbol{M}\boldsymbol{X}\ddot{\boldsymbol{\eta}}(t)+\boldsymbol{X}^{\mathrm{T}}(\alpha\boldsymbol{M}+\beta\boldsymbol{K})\boldsymbol{X}\dot{\boldsymbol{\eta}}(t)+\boldsymbol{X}^{\mathrm{T}}\boldsymbol{K}\boldsymbol{X}\boldsymbol{\eta}(t)=\boldsymbol{0} \tag{2-30}$$

由正则化模态性质可知

$$\boldsymbol{X}^{\mathrm{T}}\boldsymbol{M}\boldsymbol{X}=\boldsymbol{I} \tag{2-31a}$$

$$\boldsymbol{X}^{\mathrm{T}}\boldsymbol{K}\boldsymbol{X}=\boldsymbol{\lambda}=\mathrm{diag}(\omega_{ni}^2)\quad i=1,2 \tag{2-31b}$$

把式(2-31a)、式(2-31b) 代入式(2-30)，系统可用模态方程表示为

$$\ddot{\boldsymbol{\eta}}(t)+(\alpha\boldsymbol{I}+\beta\boldsymbol{\lambda})\dot{\boldsymbol{\eta}}(t)+\boldsymbol{\lambda}\boldsymbol{\eta}(t)=\boldsymbol{0} \tag{2-32}$$

由于 $\boldsymbol{I}$ 和 $\boldsymbol{\lambda}$ 为对角矩阵，因此对于比例阻尼（$\alpha\boldsymbol{M}+\beta\boldsymbol{K}$）来说，$\boldsymbol{X}^{\mathrm{T}}\boldsymbol{C}\boldsymbol{X}$ 也是对角矩阵。式(2-32) 可以解耦为两个独立模态坐标 $\boldsymbol{\eta}(t)$ 的二阶常系数线性运动微分方程

$$\ddot{\eta}_1(t)+(\alpha+\beta\omega_{n1}^2)\dot{\eta}_1(t)+\omega_{n1}^2\eta_1(t)=0 \tag{2-33a}$$

$$\ddot{\eta}_2(t)+(\alpha+\beta\omega_{n2}^2)\dot{\eta}_2(t)+\omega_{n2}^2\eta_2(t)=0 \tag{2-33b}$$

为了方程简化表达，模态阻尼系数 c_1、c_2 和模态阻尼率 ζ_1、ζ_2 表示为

$$c_1=\alpha+\beta\omega_{n1}^2$$

$$\zeta_1=\frac{c_1}{2\omega_{n1}}=\frac{\alpha+\beta\omega_{n1}^2}{2\omega_{n1}}$$

$$c_2=\alpha+\beta\omega_{n2}^2$$

$$\zeta_2=\frac{c_2}{2\omega_{n2}}=\frac{\alpha+\beta\omega_{n2}^2}{2\omega_{n2}}$$

模态阻尼矩阵$\boldsymbol{C}_r$ 为

$$\boldsymbol{C}_r=\boldsymbol{X}^{\mathrm{T}}(\alpha\boldsymbol{M}+\beta\boldsymbol{K})\boldsymbol{X}=\mathrm{diag}(2\zeta_i\omega_{ni})\quad i=1,2 \tag{2-34}$$

式(2-33a) 和式(2-33b) 可进一步表示为解耦后的模态方程，即

$$\ddot{\eta}_1(t)+2\omega_{n1}\zeta_1\dot{\eta}_1(t)+\omega_{n1}^2\eta_1(t)=0 \tag{2-35a}$$

$$\ddot{\eta}_2(t)+2\omega_{n2}\zeta_2\dot{\eta}_2(t)+\omega_{n2}^2\eta_2(t)=0 \tag{2-35b}$$

模态方程［式(2-35)］可以用单自由度有阻尼线性系统运动微分方程单独求解，即

$$\eta_1(t)=A_1\exp(-\zeta_1\omega_{n1}t)\sin(\omega_{d1}t+\psi_1) \tag{2-36a}$$

$$\eta_2(t)=A_2\exp(-\zeta_2\omega_{n2}t)\sin(\omega_{d2}t+\psi_2) \tag{2-36b}$$

$$A_1=\sqrt{\eta_1^2(0)+\left[\frac{\dot{\eta}_1(0)+\zeta_1\omega_{n1}\eta_1(0)}{\omega_{d1}^2}\right]^2} \tag{2-37a}$$

$$\psi_1=\arctan\frac{\eta_1(0)\omega_{d1}}{\dot{\eta}_1(0)+\zeta_1\omega_{n1}\eta_1(0)} \tag{2-37b}$$

$$A_2=\sqrt{\eta_2^2(0)+\left[\frac{\dot{\eta}_2(0)+\zeta_2\omega_{n2}\eta_2(0)}{\omega_{d2}^2}\right]^2} \tag{2-37c}$$

$$\psi_2=\arctan\frac{\eta_2(0)\omega_{d2}}{\dot{\eta}_2(0)+\zeta_2\omega_{n2}\eta_2(0)} \tag{2-37d}$$

第一阶模态阻尼固有角频率 $$\omega_{d1}=\sqrt{1-\zeta_1^2}\,\omega_{n1} \tag{2-38a}$$

第二阶模态阻尼固有角频率 $$\omega_{d1}=\sqrt{1-\zeta_2^2}\,\omega_{n2} \tag{2-38b}$$

式中，$\eta_1(0)$ 和 $\dot{\eta}_1(0)$，$\eta_2(0)$ 和 $\dot{\eta}_2(0)$ 均表示在模态坐标下的初始位移和速度，即

$$\boldsymbol{\eta}(0)=\boldsymbol{X}^{-1}\boldsymbol{x}(0) \tag{2-39}$$

$$\dot{\boldsymbol{\eta}}(0)=\boldsymbol{X}^{-1}\dot{\boldsymbol{x}}(0) \tag{2-40}$$

将式(2-36）得到的模态坐标 $\eta_1(t)$、$\eta_2(t)$ 代入模态坐标与物理坐标关系式(2-20）中，即可以得到两自由度有阻尼线性系统自由振动在物理坐标 $\boldsymbol{x}(t)$ 下的时间响应。

2.1.5 两自由度有阻尼线性自由振动系统 MATLAB App 仿真

【仿真 2-2】 如图 2-2 中，若 $\boldsymbol{F}(t)=\boldsymbol{0}$，已知两自由度有阻尼自由振动的质量矩阵 $\boldsymbol{M}$、刚度矩阵 $\boldsymbol{K}$、阻尼矩阵 $\boldsymbol{C}$、初始位移 $\boldsymbol{x}(0)$ 和初始速度 $\dot{\boldsymbol{x}}(0)$。建立两自由度有阻尼线性自由振动系统的 MATLAB App 仿真。

（1）MATLAB App 窗口设计

两自由度有阻尼线性自由振动系统 MATLAB App 仿真窗口，如图 2-8 所示。

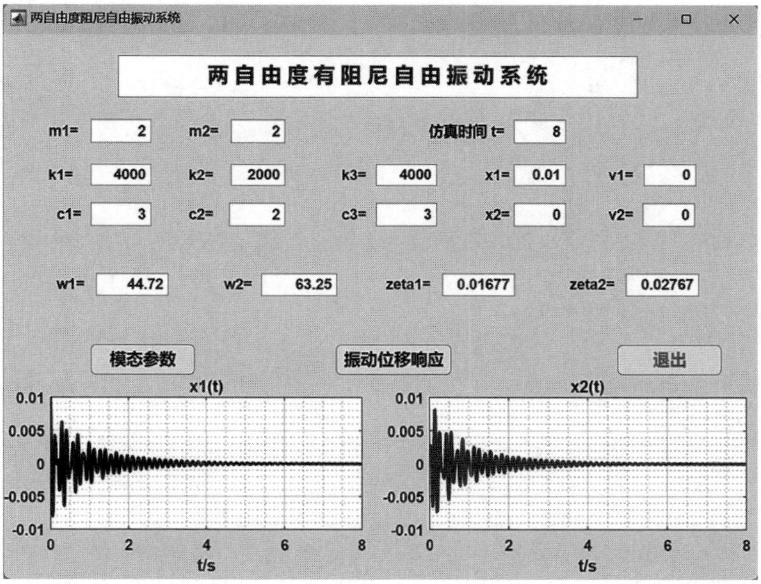

图 2-8　两自由度有阻尼线性自由振动系统 MATLAB App 仿真

（2）MATLAB App 窗口程序设计（appLU_Exam2_2）

① 私有属性创建：

```
properties(Access=private)
  % 私有属性具体含义见程序
  xr;t;t1;k1;k2;k3;c1;c2;c3;m1;m2;x1;x2;v1;v2;
end
```

② 设置窗口启动回调函数：

```
app.Button_2.Enable='off';                                  %屏蔽【振动位移响应】
```

③【模态参数】回调函数：

```
app.m1=app.m1EditField.Value;                    % m1-私有属性
m1=app.m1;
app.m2=app.m2EditField.Value;                    % m2-私有属性
m2=app.m2;
app.k1=app.k1EditField.Value;                    % k1-私有属性
k1=app.k1;
app.k2=app.k2EditField.Value;                    % k2-私有属性
k2=app.k2;
app.k3=app.k3EditField.Value;                    % k3-私有属性
k3=app.k3;
app.c1=app.c1EditField.Value;                    % c1-私有属性
c1=app.c1;
app.c2=app.c2EditField.Value;                    % c2-私有属性
c2=app.c2;
app.c3=app.c3EditField.Value;                    % c3-私有属性
c3=app.c3;
app.x1=app.x1EditField.Value;                    % x1-初始位移
x1=app.x1;
app.x2=app.x2EditField.Value;                    % x2-初始位移
x2=app.x2;
app.v1=app.v1EditField.Value;                    % v1-初始速度
v1=app.v1;
app.v2=app.v2EditField.Value;                    % v2-初始速度
v2=app.v2;
app.t=app.tEditField.Value;                      % t-私有属性
t=app.t;
x_0=[x1  x2];                                    % 初始位移
v_0=[v1  v2];                                    % 初始速度
t1=linspace(0,t,1000);                           % 取时间 1000 点数
app.t1=t1;                                       % t1-私有属性
M=[m1 0;0 m2];                                   % 质量矩阵
K=[k1+k2  -k2;-k2  k2+k3];                       % 刚度矩阵
C=[c1+c2  -c2;-c2  c2+c3];                       % 阻尼矩阵
[V,D]=eig(K,M);                                  % 特征向量和特征值
Cm=V'*C*V;                                       % 模态阻尼矩阵
wn1=sqrt(D(1,1));
zeta1=Cm(1,1)/(2*wn1);
if zeta1>=1
msgbox('阻尼率>=1,请减小阻尼系数','友情提示！');
else
```

```
wn2=sqrt(D(2,2));
zeta2=Cm(2,2)/(2*wn2);
if zeta2>=1
msgbox('阻尼率>=1,请减小阻尼系数','友情提示！');
else
Dof=length(D);
xm=V^(-1).*x_0;                                        % 模态初始位移
vm=V^(-1).*v_0;                                        % 模态初始速度
for n=1:Dof
wn=sqrt(D(n,n));                                       % 固有角频率
zeta=Cm(n,n)/(2*wn);                                   % 阻尼率
wd=wn*sqrt(1-zeta^2);                                  % 有阻尼固有角频率
xo=xm(n);
vo=vm(n);
A=(1/wd^2)*(sqrt(((vo+zeta*wn*xo)^2)+((xo^2*wd^4))));  % 响应幅值
if xo==0 && vo==0
ang=0;
else
ang=atan2((xo*wd),(vo+zeta*wn*xo));                    % 响应相位
end
X(n,:)=A*sin(t1*wd+ang).*exp(-zeta*t1*wn);             % 系统响应
end
xr=V*X;                                                % 系统响应输出
app.xr=xr;                                             % 私有属性 xr
wn1=sqrt(D(1,1));                                      % 一阶固有频率
wn2=sqrt(D(2,2));                                      % 二阶固有频率
zeta1=Cm(1,1)/(2*wn1);
zeta2=Cm(2,2)/(2*wn2);
wd1=wn1*sqrt(1-zeta1^2);                               % 一阶阻尼固有角频率
wd2=wn2*sqrt(1-zeta2^2);                               % 二阶阻尼固有角频率
app.w1EditField.Value=wn1;                             % w1 显示
app.w2EditField.Value=wn2;                             % w2 显示
app.Button_2.Enable='on';                              % 开启【振动位移响应】
end;end
```

④【振动位移响应】回调函数：

```
t1=app.t1;xr=app.xr;                                   % 私有属性
cla(app.UIAxes);cla(app.UIAxes_2)
plot(app.UIAxes,t1,xr(1,:),'k','LineWidth',2)          % x1(t)位移曲线
xlabel(app.UIAxes,'t/s');title(app.UIAxes,'x1(t)')
plot(app.UIAxes_2,t1,xr(2,:),'b','LineWidth',2)        % x2(t)位移曲线
```

```
xlabel(app.UIAxes_2,'t/s');title(app.UIAxes_2,'x2(t)')
```

⑤【退出】回调函数：

```
sel=questdlg('确认关闭应用程序？','关闭确认,','Yes','No','No');
switch sel
case'Yes'
delete(app)
case'No'
end
```

2.1.6 两自由度振动系统简谐激励下强迫振动

（1）两自由度有阻尼线性系统的强迫振动

对两自由度有阻尼线性振动系统，设 $\boldsymbol{C}$ 为比例阻尼矩阵，则式(2-2) 可表示为

$$\boldsymbol{M}\ddot{\boldsymbol{x}}(t)+(\alpha\boldsymbol{M}+\beta\boldsymbol{K})\dot{\boldsymbol{x}}(t)+\boldsymbol{K}\boldsymbol{x}(t)=\boldsymbol{F}(t) \tag{2-41}$$

由式(2-30)、式(2-31) 和式(2-34) 正则化模态性质可知

$$\boldsymbol{X}^{\mathrm{T}}\boldsymbol{M}\boldsymbol{X}=\boldsymbol{I}$$

$$\boldsymbol{X}^{\mathrm{T}}\boldsymbol{K}\boldsymbol{X}=\boldsymbol{\lambda}=\mathrm{diag}(\omega_{nn}^2)$$

$$\boldsymbol{C}_r=\boldsymbol{X}^{\mathrm{T}}(\alpha\boldsymbol{M}+\beta\boldsymbol{K})\boldsymbol{X}=\mathrm{diag}(2\zeta_n\omega_{nn})$$

将上述各式代入式(2-41) 并左乘 $\boldsymbol{X}^{\mathrm{T}}$，得到振动系统的模态方程

$$\ddot{\boldsymbol{\eta}}(t)+\boldsymbol{C}_r\dot{\boldsymbol{\eta}}(t)+\boldsymbol{\lambda}\boldsymbol{\eta}(t)=\boldsymbol{X}^{\mathrm{T}}\boldsymbol{F}(t) \tag{2-42}$$

两自由度系统的模态方程可进一步用两个解耦的独立模态方程来表示

$$\ddot{\eta}_1(t)+2\omega_{n1}\zeta_1\dot{\eta}_1(t)+\omega_{n1}^2\eta_1(t)=F_1(t) \tag{2-43a}$$

$$\ddot{\eta}_2(t)+2\omega_{n2}\zeta_2\dot{\eta}_2(t)+\omega_{n2}^2\eta_2(t)=F_2(t) \tag{2-43b}$$

式中，$F_1(t)$、$F_2(t)$ 为向量 $\boldsymbol{X}^{\mathrm{T}}\boldsymbol{F}(t)$ 的两个输入元素，一般情况下只研究系统对一个输入的响应。由于系统所受外力为简谐力 $F(t)=F_0\sin(\omega t)$，F_0 为激振力幅值，ω 为激振力频率，对于欠阻尼系统（$0<\zeta<1$），则振动系统模态响应可以表示为

$$\eta_1(t)=A_1\exp(-\zeta_1\omega_{n1}t)\sin(\omega_{d1}t+\psi_1)+C_1\sin(\omega t-\varphi_1) \tag{2-44a}$$

$$\eta_2(t)=A_2\exp(-\zeta_2\omega_{n2}t)\sin(\omega_{d2}t+\psi_2)+C_2\sin(\omega t-\varphi_2) \tag{2-44b}$$

$$C_1=\frac{F_0}{\sqrt{(\omega_{n1}^2-\omega^2)^2+(2\omega\omega_{n1}\zeta_1)^2}}$$

$$\varphi_1=\arctan\frac{2\omega\omega_{n1}\zeta_1}{\omega_{n1}^2-\omega^2}$$

$$C_2=\frac{F_0}{\sqrt{(\omega_{n2}^2-\omega^2)^2+(2\omega\omega_{n2}\zeta_2)^2}}$$

$$\varphi_2=\arctan\frac{2\omega\omega_{n2}\zeta_2}{\omega_{n2}^2-\omega^2}$$

式(2-44) 中，A_1、ψ_1、A_2、ψ_2 由式(2-37) 确定。

用式(2-20) 将模态坐标 $\eta_1(t)$、$\eta_2(t)$ 转换成物理坐标 $x_1(t)$、$x_2(t)$ 后，即可得到两自由度有阻尼系统在简谐激励下的时间响应物理坐标 $\boldsymbol{x}(t)$。

(2) 两自由度有阻尼线性系统强迫振动的数值解法

对两自由度有阻尼线性振动系统微分方程，MATLAB 中常用龙格-库塔法来求解微分方程。由于 MATLAB 中的龙格-库塔法只能求解一阶微分方程组，所以要把二阶微分方程组转化为一阶微分方程组。

如图 2-2 所示，两自由度线性系统二阶运动微分方程组为

$$m_1\ddot{x}_1(t)=-(c_1+c_2)\dot{x}_1(t)+c_2\dot{x}_2(t)-(k_1+k_2)x_1(t)+k_2x_2(t)+F_1(t) \tag{2-45a}$$

$$m_2\ddot{x}_2(t)=-(c_3+c_2)\dot{x}_2(t)+c_2\dot{x}_1(t)-(k_3+k_2)x_2(t)+k_2x_1(t)+F_2(t) \tag{2-45b}$$

设 $y_1=x_1$，$y_2=\dot{x}_1$，$y_3=x_2$，$y_4=\dot{x}_2$。

将微分方程组［式(2-45)］变换成四个一阶微分方程组，为

$$\dot{y}_1=y_2 \tag{2-46a}$$

$$\dot{y}_2=\frac{F_1(t)}{m_1}[-(c_1+c_2)y_2+c_2y_4-(k_1+k_2)y_1+k_2y_3] \tag{2-46b}$$

$$\dot{y}_3=y_4 \tag{2-46c}$$

$$\dot{y}_4=\frac{F_2(t)}{m_2}[-(c_3+c_2)y_4+c_2y_2-(k_3+k_2)y_3+k_2y_1] \tag{2-46d}$$

用 MATLAB 微分方程函数 ode45 求解上述四个一阶微分方程组，就可以直接得到两自由度有阻尼线性系统的强迫振动的时间响应 $\boldsymbol{x}(t)$。

2.1.7 两自由度振动系统简谐激励下强迫振动 MATLAB App 仿真

【仿真 2-3】 如图 2-2 所示，已知两自由度有阻尼线性振动系统中质量矩阵 $\boldsymbol{M}$、刚度矩阵 $\boldsymbol{K}$、阻尼矩阵 $\boldsymbol{C}$、初始位移 $\boldsymbol{x}(0)$ 和初始速度 $\dot{\boldsymbol{x}}(0)$，激振力 $F(t)=F_0\sin(\omega t)$。建立两自由度有阻尼线性系统简谐激励下强迫振动的 MATLAB App 仿真。

(1) MATLAB App 窗口设计

两自由度有阻尼线性系统简谐激励下强迫振动 MATLAB App 仿真窗口，如图 2-9 所示。

(2) MATLAB App 窗口程序设计（appLU_Exam2_3）

① 私有属性创建：

```
properties(Access=private)
  xr;t;w;F0;t1;k1;k2;k3;c1;c2;c3;m1;m2;x1;x2;v1;v2;
end
```

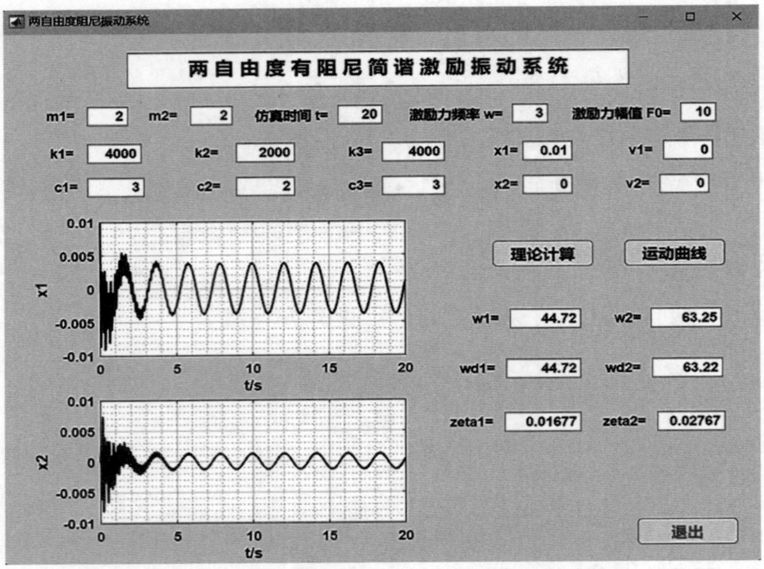

图 2-9 两自由度有阻尼线性系统简谐激励下强迫振动 MATLAB App 仿真

② 设置窗口启动回调函数：

```
app.Button_2.Enable='off';                         %屏蔽【运动曲线】
```

③【理论计算】回调函数：

```
app.m1=app.m1EditField.Value;                      % m1-私有属性
m1=app.m1;
app.m2=app.m2EditField.Value;                      % m2-私有属性
m2=app.m2;
app.k1=app.k1EditField.Value;                      % k1-私有属性
k1=app.k1;
app.k2=app.k2EditField.Value;                      % k2-私有属性
k2=app.k2;
app.k3=app.k3EditField.Value;                      % k3-私有属性
k3=app.k3;
app.c1=app.c1EditField.Value;                      % c1-私有属性
c1=app.c1;
app.c2=app.c2EditField.Value;                      % c2-私有属性
c2=app.c2;
app.c3=app.c3EditField.Value;                      % c3-私有属性
c3=app.c3;
app.x1=app.x1EditField.Value;                      % x1-私有属性
x1=app.x1;
app.x2=app.x2EditField.Value;                      % x2-私有属性
x2=app.x2;
```

```
app.v1=app.v1EditField.Value;                         % v1-私有属性
v1=app.v1;
app.v2=app.v2EditField.Value;                         % v2-私有属性
v2=app.v2;
app.F0=app.F0EditField.Value;                         % F0-私有属性
F0=app.F0;
app.w=app.wEditField.Value;                           % w-私有属性
w=app.w;
app.t=app.tEditField.Value;                           % t-私有属性
t=app.t;
x_0=[x1 x2];v_0=[v1 v2];                              % 初始位移,速度
t1=linspace(0,t,1000);                                % 取仿真时间点数
app.t1=t1;                                            % t1-私有属性
M=[m1 0;0 m2];                                        % 质量矩阵
K=[k1+k2  -k1;-k1  k2+k3];                            % 刚度矩阵
C=[c1+c2  -c2;-c2  c2+c3];                            % 阻尼矩阵
[V,D]=eig(K,M);                                       % 特征向量和特征值
Cm=V'*C*V;                                            % 模态阻尼矩阵
Dof=length(D);
xm=inv(V).*x_0;                                       % 初始位移坐标转换模态坐标
vm=inv(V).*v_0;                                       % 初始速度坐标转换模态坐标
wn1=sqrt(D(1,1));                                     % 固有角频率 1
zeta1=Cm(1,1)/(2*wn1);                                % 阻尼率 1
if zeta1>=1
msgbox('阻尼率>=1,请减小阻尼系数','友情提示!');
else
wn2=sqrt(D(2,2));                                     % 固有角频率 2
zeta2=Cm(2,2)/(2*wn2);                                % 阻尼率 2
if zeta2>=1
msgbox('阻尼率>=1,请减小阻尼系数','友情提示!');
else
% 两自由度(n=2)系统参数计算
for n=1:Dof
wn=sqrt(D(n,n));
zeta=Cm(n,n)/(2*wn);
wd=wn*sqrt(1-zeta^2);
xo=xm(n);vo=vm(n);
A=(1/wd^2)*(sqrt(((vo+zeta*wn*xo)^2)+((xo^2*wd^4))));   % 通解响应幅值
if xo==0 && vo==0
ang=0;
```

```
else
ang=atan2((xo*wd),(vo+zeta*wn*xo));                  % 通解响应相位
end
cn=F0/sqrt((wn*wn-w*w)^2+(2*wn*w*zeta)^2);           % 特解响应幅值
psi=atan2((2*wn*w*zeta),(wn*wn-w*w));                % 特解响应相位
X(n,:)=A*sin(t1*wd+ang).*exp(-zeta*t1*wn)+cn*sin(w*t1-psi);
                                                     % 模态响应 X
end
% 模态坐标转换为物理坐标响应输出
xr=V*X;
app.xr=xr;                                           % xr-私有属性
wn1=sqrt(D(1,1));                                    % 一阶自然频率
wn2=sqrt(D(2,2));                                    % 二阶自然频率
zeta1=Cm(1,1)/(2*wn1);                               % 一阶模态阻尼率
zeta2=Cm(2,2)/(2*wn2);                               % 二阶模态阻尼率
wd1=wn1*sqrt(1-zeta1^2);                             % 一阶模态有阻尼固有角频率
wd2=wn2*sqrt(1-zeta2^2);                             % 二阶模态有阻尼固有角频率
app.w1EditField.Value=wn1;                           % w1 显示
app.w2EditField.Value=wn2;                           % w2 显示
app.zeta1EditField.Value=zeta1;                      % zeta1 显示
app.zeta2EditField.Value=zeta2;                      % zeta2 显示
app.wd1EditField.Value=wd1;                          % wd1 显示
app.wd2EditField.Value=wd2;                          % wd2 显示
app.Button_2.Enable='on';                            % 开启【运动曲线】
end;end
```

④【运动曲线】回调函数：

```
t1=app.t1;                                           % 取仿真时间点数
xr=app.xr;                                           % 系统响应物理坐标
cla(app.UIAxes);cla(app.UIAxes_2)                    % 清除图形
plot(app.UIAxes,t1,xr(1,:),'k','LineWidth',1.5)      % x1 位移曲线
xlabel(app.UIAxes,'t/s');ylabel(app.UIAxes,'x1')
plot(app.UIAxes_2,t1,xr(2,:),'b','LineWidth',1.5)    % x2 位移曲线
xlabel(app.UIAxes_2,'t/s');ylabel(app.UIAxes_2,'x2')
```

⑤【退出】回调函数：

```
sel=questdlg('确认关闭应用程序？','关闭确认,','Yes','No','No');
switch sel
case'Yes'
delete(app)
case'No'
end
```

2.1.8 两自由度系统传递函数法求解脉冲和阶跃响应 MATLAB App 仿真

传递函数是线性系统分析和研究的基本数学工具。它可以将微分方程转化为代数方程，而且根据传递函数可以方便地导出系统的频率特性。利用这些频率特性与系统的参数关系可以识别系统的物理参数。

两自由度有阻尼强迫振动系统如图 2-10 所示，系统的牛顿质点受力平衡矩阵微分方程表达形式为

$$\begin{bmatrix} m_1 & 0 \\ 0 & m_2 \end{bmatrix}\begin{bmatrix} \ddot{x}_1(t) \\ \ddot{x}_2(t) \end{bmatrix}+\begin{bmatrix} c_1+c_2 & -c_2 \\ -c_2 & c_2 \end{bmatrix}\begin{bmatrix} \dot{x}_1(t) \\ \dot{x}_2(t) \end{bmatrix}+\begin{bmatrix} k_1+k_2 & -k_2 \\ -k_2 & k_2 \end{bmatrix}\begin{bmatrix} x_1(t) \\ x_2(t) \end{bmatrix}=\begin{bmatrix} F(t) \\ 0 \end{bmatrix} \tag{2-47}$$

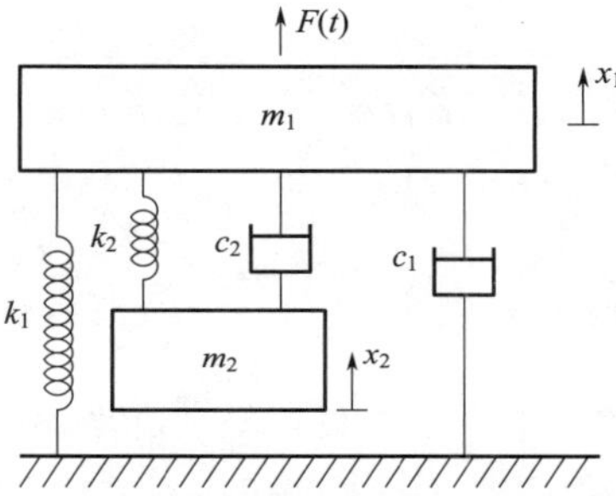

图 2-10 两自由度有阻尼强迫振动系统模型

对矩阵方程两边进行拉普拉斯变换，可得

$$\left[\begin{bmatrix} m_1 & 0 \\ 0 & m_2 \end{bmatrix}s^2+\begin{bmatrix} c_1+c_2 & -c_2 \\ -c_2 & c_2 \end{bmatrix}s+\begin{bmatrix} k_1+k_2 & -k_2 \\ -k_2 & k_2 \end{bmatrix}\right]\begin{bmatrix} X_1(s) \\ X_2(s) \end{bmatrix}=\begin{bmatrix} F(s) \\ 0 \end{bmatrix} \tag{2-48}$$

$$\begin{bmatrix} m_1s^2+(c_1+c_2)s+k_1+k_2 & -c_2s-k_2 \\ -c_2s-k_2 & m_2s^2+c_2s+k_2 \end{bmatrix}\begin{bmatrix} X_1(s) \\ X_2(s) \end{bmatrix}=\begin{bmatrix} F(s) \\ 0 \end{bmatrix} \tag{2-49}$$

由式(2-49) 可求得振动系统两个传递函数分别为

$$\frac{X_1(s)}{F(s)}=\frac{m_2s^2+c_2s+k_2}{D(s)} \tag{2-50}$$

$$\frac{X_2(s)}{F(s)}=\frac{c_2s+k_2}{D(s)} \tag{2-51}$$

式中

$$D(s)=m_1m_2s^4+[(c_1+c_2)m_2+c_2m_1]s^3+[(k_1+k_2)m_2+k_2m_1+c_1c_2]s^2+(k_1c_2+k_2c_1)s+k_1k_2 \tag{2-52}$$

创建传递函数 MATLAB App 子函数：

```
function sys=Transferab(m,k,c)
N={[m(2)c(2)k(2)];[c(2)k(2)]};                    % 式(2-50)、式(2-51)分子
```

```
D=[m(1)*m(2),((c(1)+c(2))*m(2)+c(2)*m(1)),...
  ((k(1)+k(2))*m(2)+k(2)*m(1)+c(1)*c(2)),...
  (k(1)*c(2)+c(1)*k(2)),k(1)*k(2)];                    % 式(2-52)
sys=tf(N,D);                                           % 传递函数
end
```

【仿真 2-4】 已知两自由度有阻尼强迫振动系统如图 2-10 所示，在 $t=0$ 时，给质量 m_1 分别施加脉冲或阶跃输入。建立质量 m_1、m_2 脉冲响应和阶跃响应运动曲线的 MATLAB App 仿真。

（1）MATLAB App 窗口设计

两自由度有阻尼强迫振动系统脉冲响应和阶跃响应 MATLAB App 仿真窗口，如图 2-11 所示。

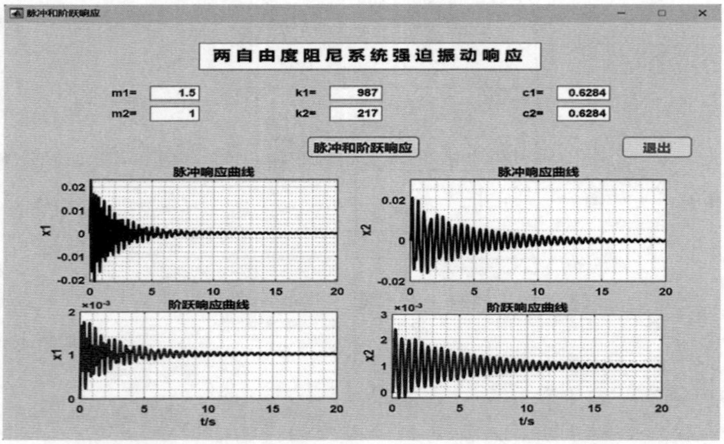

图 2-11　两自由度有阻尼强迫振动系统脉冲和阶跃响应 MATLAB App 仿真

（2）MATLAB App 窗口程序设计（appLU_Exam2_4）

①【脉冲和阶跃响应】回调函数：

```
cla(app.UIAxes);cla(app.UIAxes_2)
m1=app.m1EditField.Value;m2=app.m2EditField.Value;          % m1、m2-质量
k1=app.k1EditField.Value;k2=app.k2EditField.Value;          % k1、k2-刚度
c1=app.c1EditField.Value;c2=app.c2EditField.Value;          % c1、c2-阻尼系数
m=[m1,m2];k=[k1,k2];c=[c1,c2];                              % 质量、刚度、阻尼矩阵
G=Transferab(m,k,c);                                        % 调传递函数子程序
[y,t]=impulse(G,20);                                        % 脉冲响应函数
[y1,t]=step(G,20);                                          % 阶跃响应函数
% 绘制响应曲线
plot(app.UIAxes,t,y(:,1),'k',"LineWidth",2)                 % x1 脉冲响应曲线
ylabel(app.UIAxes,'x1');title(app.UIAxes,'脉冲响应曲线')
plot(app.UIAxes_2,t,y(:,2),'k',"LineWidth",2)               % x2 脉冲响应曲线
```

```
ylabel(app.UIAxes_2,'x2');title(app.UIAxes_2,'脉冲响应曲线')
plot(app.UIAxes_3,t,y1(:,1),'b',"LineWidth",2)                  % x1 阶跃响应曲线
ylabel(app.UIAxes_3,'x1');xlabel(app.UIAxes_3,'t/s')
title(app.UIAxes_3,'阶跃响应曲线')
plot(app.UIAxes_4,t,y1(:,2),'b',"LineWidth",2)                  % x2 阶跃响应曲线
xlabel(app.UIAxes_4,'t/s');ylabel(app.UIAxes_4,'x2')
title(app.UIAxes_4,'阶跃响应曲线')
% 建立传递函数-子函数
function sys=Transferab(m,k,c)
N={[m(2)c(2)k(2)];[c(2)k(2)]};
D=[m(1)*m(2),((c(1)+c(2))*m(2)+c(2)*m(1)),...
  ((k(1)+k(2))*m(2)+k(2)*m(1)+c(1)*c(2)),...
  (k(1)*c(2)+c(1)*k(2)),k(1)*k(2)];
sys=tf(N,D);
end
```

②【退出】回调函数：

```
sel=questdlg('确认关闭窗口？','关闭确认,','Yes','No','No');
switch sel
case'Yes'
delete(app)
case'No'
end
```

2.2 多自由度线性振动系统

典型的多自由度线性振动系统模型如图 2-12 所示。振动系统模型中有 n 个集中质块，需要 n 个独立坐标 x_i（$i=1$，…，n）来描述每个集中质块的运动，系统的运动方程是 n 个自由度的二阶互相耦合（联立）的常系数线性微分方程组。

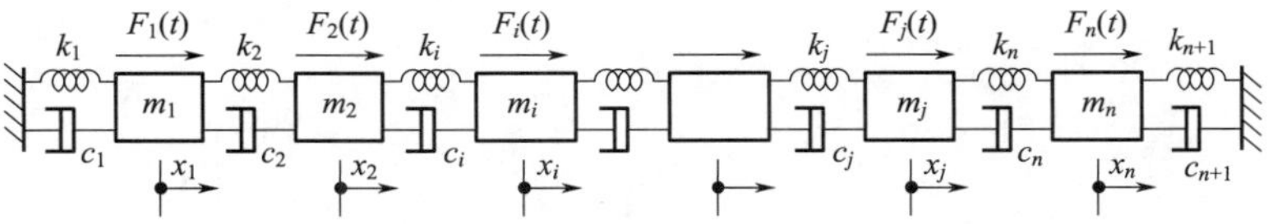

图 2-12　多自由度有阻尼线性振动系统模型

求解这样一组方程，即使它们是线性的，也不是一件容易的事。可以选取一组新的坐标，使表示系统的常微分方程组转化为比较简单的形式。新旧坐标都可以看作一个 n 维的向量，而坐标变换本身就是联系这两个向量的线性变换。采用模态分析方法寻找一种线性变换使联立（耦合）的常微分方程组转化为一组互不相关（解耦）的独立常微分方程。如果这种变换用方阵来表示，那么这个方阵各列将由系统的特征向量组成，即线性变换方阵为系统

的模态矩阵或振型矩阵。

本节介绍多自由度线性振动系统及其 MATLAB App 设计仿真。

2.2.1 多自由度线性振动系统微分方程的模态分析

(1) 多自由度线性振动系统矩阵微分方程

多自由度线性振动系统微分方程与两自由度线性振动系统微分方程表达形式相同，即

$$\boldsymbol{M}\ddot{\boldsymbol{x}}(t)+\boldsymbol{C}\dot{\boldsymbol{x}}(t)+\boldsymbol{K}\boldsymbol{x}(t)=\boldsymbol{F}(t) \tag{2-53}$$

如图 2-12 所示，当方程的自由度数目 $n>1$ 时，系统微分方程［式(2-53)］表达的就是 n 自由度有阻尼线性振动系统矩阵微分方程。其中 $\boldsymbol{x}(t)$ 为 n 维位移向量，它的分量是各个自由度的广义坐标，$\dot{\boldsymbol{x}}(t)$ 和 $\ddot{\boldsymbol{x}}(t)$ 分别为速度向量和加速度向量，它的分量分别是各个自由度的广义速度和广义加速度。$\boldsymbol{F}(t)$ 是广义外力向量，它的分量是各个自由度所受到的广义外力。$\boldsymbol{M}$、$\boldsymbol{C}$、$\boldsymbol{K}$ 分别为系统的质量矩阵、阻尼矩阵和刚度矩阵，它们都是 n 阶方阵，且矩阵 $\boldsymbol{M}$、$\boldsymbol{C}$、$\boldsymbol{K}$ 完全决定了系统的振动特性。

系统质量矩阵 $\boldsymbol{M}$、阻尼矩阵 $\boldsymbol{C}$ 和刚度矩阵 $\boldsymbol{K}$ 可以分别表示为

$$\boldsymbol{M}=\begin{bmatrix} m_1 & 0 & 0 & \cdots & 0 & 0 \\ 0 & m_2 & 0 & \cdots & 0 & 0 \\ 0 & 0 & m_3 & \cdots & 0 & 0 \\ \vdots & \vdots & \vdots & & \vdots & \vdots \\ 0 & 0 & 0 & \cdots & 0 & m_n \end{bmatrix}$$

$$\boldsymbol{C}=\begin{bmatrix} c_1+c_2 & -c_2 & 0 & \cdots & 0 & 0 \\ -c_2 & c_2+c_3 & -c_3 & \cdots & 0 & 0 \\ 0 & -c_3 & c_3+c_4 & \cdots & 0 & 0 \\ \vdots & \vdots & \vdots & & \vdots & \vdots \\ 0 & 0 & 0 & \cdots & -c_n & c_n+c_{n+1} \end{bmatrix}$$

$$\boldsymbol{K}=\begin{bmatrix} k_1+k_2 & -k_2 & 0 & \cdots & 0 & 0 \\ -k_2 & k_2+k_3 & -k_3 & \cdots & 0 & 0 \\ 0 & -k_3 & k_3+k_4 & \cdots & 0 & 0 \\ \vdots & \vdots & \vdots & & \vdots & \vdots \\ 0 & 0 & 0 & \cdots & -k_n & k_n+k_{n+1} \end{bmatrix}$$

$\boldsymbol{x}(t)$、$\dot{\boldsymbol{x}}(t)$、$\ddot{\boldsymbol{x}}(t)$ 和 $\boldsymbol{F}(t)$ 四个向量分别如下：

$$\boldsymbol{x}(t)=\begin{bmatrix} x_1(t) \\ x_2(t) \\ \vdots \\ x_n(t) \end{bmatrix};\dot{\boldsymbol{x}}(t)=\begin{bmatrix} \dot{x}_1(t) \\ \dot{x}_2(t) \\ \vdots \\ \dot{x}_n(t) \end{bmatrix};\ddot{\boldsymbol{x}}(t)=\begin{bmatrix} \ddot{x}_1(t) \\ \ddot{x}_2(t) \\ \vdots \\ \ddot{x}_n(t) \end{bmatrix};\boldsymbol{F}(t)=\begin{bmatrix} F_1(t) \\ F_2(t) \\ \vdots \\ F_n(t) \end{bmatrix}$$

可见，式(2-53) 表达的微分方程组是互相耦合的，即每一个方程中包含的广义坐标多于一个。这表明对每一个微分方程不可能单独求解，只能求解联立微分方程组。

图 2-12 所示的这类多自由度有阻尼线性振动系统一般存在下述规律。

① 刚度矩阵（或阻尼矩阵）中的对角元素 k_{ii}（或 c_{ii}）为连接在质量 m_i 上的所有弹簧刚度（或阻尼系数）的和。

② 刚度矩阵（或阻尼矩阵）中的非对角元素 k_{ij}（或 c_{ij}）为直接连接在质量 m_i 与 m_j 之间的弹簧刚度（或阻尼系数），取负值。

③ 一般而言，刚度矩阵和阻尼矩阵都是对称矩阵。

④ 如果将系统质心作为坐标原点，则质量矩阵是对角矩阵。但一般情况下质量矩阵是非对角矩阵。

（2）线性变换与坐标耦合

微分方程［式(2-53)］是一个多自由度二阶常系数非齐次线性微分方程组，其求解的困难主要在于各个方程之间是彼此耦合的，因此先要解决方程组的解耦问题。

假设是无阻尼振动系统，则式(2-53) 中取消阻尼项，可得

$$\boldsymbol{M}\ddot{\boldsymbol{x}}(t)+\boldsymbol{K}\boldsymbol{x}(t)=\boldsymbol{F}(t) \tag{2-54}$$

考虑采用另一组广义坐标 $\boldsymbol{\eta}(t)$ 来完成 $\boldsymbol{x}(t)$ 坐标变换

$$\boldsymbol{x}(t)=\boldsymbol{X}\boldsymbol{\eta}(t) \tag{2-55}$$

其中，$\boldsymbol{X}$ 称为线性变换矩阵，它是一个 $n\times n$ 非奇异常数矩阵，同理有

$$\ddot{\boldsymbol{x}}(t)=\boldsymbol{X}\ddot{\boldsymbol{\eta}}(t) \tag{2-56}$$

将式(2-55) 和式(2-56) 代入式(2-54)，可得

$$\boldsymbol{M}\boldsymbol{X}\ddot{\boldsymbol{\eta}}(t)+\boldsymbol{K}\boldsymbol{X}\boldsymbol{\eta}(t)=\boldsymbol{F}(t) \tag{2-57}$$

上式左乘转置矩阵$\boldsymbol{X}^{\mathrm{T}}$ 得

$$\boldsymbol{X}^{\mathrm{T}}\boldsymbol{M}\boldsymbol{X}\ddot{\boldsymbol{\eta}}(t)+\boldsymbol{X}^{\mathrm{T}}\boldsymbol{K}\boldsymbol{X}\boldsymbol{\eta}(t)=\boldsymbol{X}^{\mathrm{T}}\boldsymbol{F}(t) \tag{2-58}$$

广义坐标下质量矩阵　　$\boldsymbol{M}_r=\boldsymbol{X}^{\mathrm{T}}\boldsymbol{M}\boldsymbol{X}$

广义坐标下刚度矩阵　　$\boldsymbol{K}_r=\boldsymbol{X}^{\mathrm{T}}\boldsymbol{K}\boldsymbol{X}$

广义力向量　　$\boldsymbol{N}(t)=\boldsymbol{X}^{\mathrm{T}}\boldsymbol{F}(t)$

则式(2-58) 可进一步表达为

$$\boldsymbol{M}_r\ddot{\boldsymbol{\eta}}(\mathrm{t})+\boldsymbol{K}_r\boldsymbol{\eta}(t)=\boldsymbol{N}(t) \tag{2-59}$$

式(2-59) 和式(2-54) 是对同一振动系统在不同坐标系下的不同表达方式，这种坐标变换当然不会改变振动系统的性质，但由于改变了系统的质量矩阵和刚度矩阵，因而有可能改变原物理坐标系下的运动微分方程的耦合形式。

（3）自然频率（固有角频率）与模态向量

多自由度无阻尼自由振动是有阻尼振动系统中最简单的情况，其矩阵微分方程为

$$\boldsymbol{M}\ddot{\boldsymbol{x}}(t)+\boldsymbol{K}\boldsymbol{x}(t)=\boldsymbol{0} \tag{2-60}$$

在某些特殊的初始激励条件下，多自由度线性振动系统的无阻尼自由振动可以是只有一个频率的简谐振动，也就是系统的固有振动，且固有振动的解可以用如下形式表达：

$$\boldsymbol{x}(t)=\boldsymbol{X}\cos(\omega t+\psi) \tag{2-61}$$

式中，$\boldsymbol{X}$，ω 为待求未知量，并且 $\boldsymbol{X}$ 为非零向量。将式(2-61) 代入式(2-60) 可得

$$(-\omega^2\boldsymbol{MX}+\boldsymbol{KX})\cos(\omega t+\psi)=\boldsymbol{0} \tag{2-62}$$

由于 $\cos(\omega t+\psi)$ 不恒为零，所以上式必然有

$$(\boldsymbol{K}-\omega^2\boldsymbol{M})\boldsymbol{X}=\boldsymbol{0} \tag{2-63a}$$

或者

$$\boldsymbol{KX}=\omega^2\boldsymbol{MX} \tag{2-63b}$$

这是一个以 $\boldsymbol{X}$ 为未知量的代数方程。由矩阵分析理论知，式(2-63a) 有非零解的充分必要条件是系数矩阵（$\boldsymbol{K}-\omega^2\boldsymbol{M}$）的行列式为零，即

$$|k_{ij}-\omega^2 m_{ij}|=0 \tag{2-64}$$

式(2-64) 称为微分方程［式(2-60)］的频率方程或特征方程。根据行列式的性质，式(2-64) 展开后的每一项是行列式不同行、不同列元素的乘积，因此它是一个以 ω^2 为未知数的 n 次代数方程，解此代数方程可以得到 n 个根（特征值）ω_{n1}^2，ω_{n2}^2，…，ω_{nn}^2，它们分别对应于 n 个固有角频率的平方。将 n 个根依次代入式(2.63a) 中可以得到 n 个方程，即

$$(\boldsymbol{K}-\omega_{nr}^2\boldsymbol{M})\boldsymbol{X}_r=\boldsymbol{0} \quad r=1,2,\cdots,n \tag{2-65}$$

从中可以求解出与 ω_{nr}^2 相对应的非零向量$\boldsymbol{X}_r$。

模态特征值

$$\omega_{nr}^2=\frac{K_r}{M_r} \quad r=1,2,\cdots,n \tag{2-66}$$

满足式(2-65) 的$\boldsymbol{X}_r$ 在矩阵分析中被称为特征向量$\boldsymbol{X}_r$（模态向量或振型向量），满足式(2-66) 的 ω_{nr}^2 在矩阵分析中被称为特征值$\boldsymbol{\lambda}(\lambda_r=\omega_{nr}^2)$。

ω_{nr}^2 的正平方根ω_{nr} 称为系统的第 r 阶自然频率（固有频率或模态频率），而相应地称 $\boldsymbol{X}_r$ 为系统的第 r 阶模态向量。自然频率按由小到大的顺序编号，即

$$\omega_{n1}\leqslant\omega_{n2}\leqslant\cdots\leqslant\omega_{nn}$$

最低的频率 ω_{n1} 称为基频，在工程应用中它是最重要的一个模态频率。系统的模态频率 ω_{nr} 和模态向量$\boldsymbol{X}_r$ 与外界的激励无关，完全由系统的质量矩阵 $\boldsymbol{M}$ 和刚度矩阵$\boldsymbol{K}$ 的性质决定。模态频率 ω_{nr} 和模态向量$\boldsymbol{X}_r$ 构成了系统的第 r 阶自然模态（r 阶模态主振型），它表征了系统的一种基本运动模态，即一种同步运动状态。显然 n 自由度系统有 n 种同步运动状态，每一种均为简谐运动，但模态频率 ω_{nr} 不同。由于代数方程［式(2-65)］是齐次方程，因而方程的解$\boldsymbol{X}_r$ 可以相差一个非零常数因子 a，即模态向量$\boldsymbol{X}_r$ 是方程的解，$a\boldsymbol{X}_r$ 也是方程的解。这意味着模态向量$\boldsymbol{X}_r$ 只能确定模态向量的方向，而不能确定模态向量的大小。

（4）模态质量矩阵、模态刚度矩阵和模态振型矩阵

① 模态质量矩阵：指模态振型 $\boldsymbol{X}$ 下的质量，即振动系统在特定模态下响应质量大小。

$$\boldsymbol{M}_r=\boldsymbol{X}^{\mathrm{T}}\boldsymbol{MX} \tag{2-67}$$

② 模态刚度矩阵：指模态振型 $\boldsymbol{X}$ 下的刚度，即振动系统在特定模态下响应刚度大小。

$$\boldsymbol{K}_r=\boldsymbol{X}^{\mathrm{T}}\boldsymbol{KX} \tag{2-68}$$

模态质量矩阵$\boldsymbol{M}_r$ 和模态刚度矩阵$\boldsymbol{K}_r$ 都是模态空间中的量，$\boldsymbol{M}_r$、$\boldsymbol{K}_r$ 本身并无实际的

物理意义。也就是说，它们与工程中直接可以运用的质量、刚度等物理量在物理概念上是完全不同的，不能互相代替。由于模态分析法是一种线性振动系统的间接参数识别方法，因此也只能提供线性振动系统状态的定性数据或相对数据。

③ 模态振型矩阵（模态主振型）：指通过线性变换矩阵 $\boldsymbol{X}$ 的变换，使广义坐标下质量矩阵$\boldsymbol{M}_r$ 和刚度矩阵$\boldsymbol{K}_r$ 同时为对角矩阵。非奇异常数矩阵 $\boldsymbol{X}$ 称为模态振型矩阵。即

$$\boldsymbol{X}=[\boldsymbol{X}^{(1)}\quad \boldsymbol{X}^{(2)}\quad \cdots\quad \boldsymbol{X}^{(n)}]=\begin{bmatrix} X_1^{(1)} & X_1^{(2)} & \cdots & X_1^{(n)} \\ X_2^{(1)} & X_2^{(2)} & \cdots & X_2^{(n)} \\ \vdots & \vdots & & \vdots \\ X_n^{(1)} & X_n^{(2)} & \cdots & X_2^{(n)} \end{bmatrix} \tag{2-69}$$

（5）模态分析或振型分析

用模态振型矩阵把系统的联立运动微分方程组变换成为一组不关联（解耦）的独立运动微分方程，从而求得系统状态的过程，一般称为模态分析或振型分析。

2.2.2 多自由度无阻尼系统自然频率和模态振型 MATLAB App 仿真

【仿真 2-5】 四自由度无阻尼线性系统自由振动模型如图 2-13 所示。已知质量矩阵 $\boldsymbol{M}$ 和刚度矩阵 $\boldsymbol{K}$。建立四自由度自由振动系统的自然频率和模态振型的 MATLAB App 仿真。

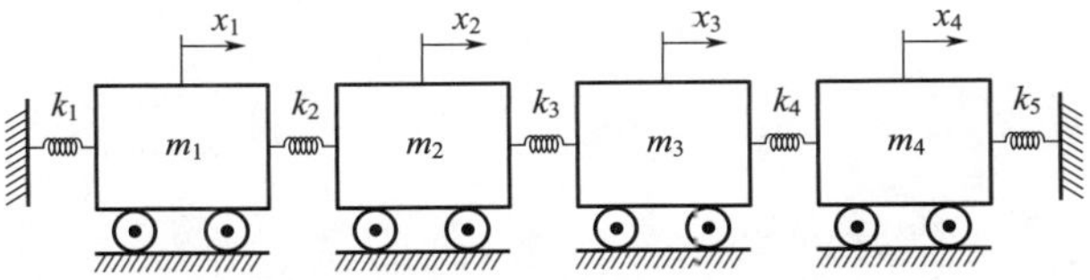

图 2-13　四自由度无阻尼线性系统自由振动模型

由图 2-13 可以推导出四自由度无阻尼振动系统的质量矩阵 $\boldsymbol{M}$、刚度矩阵 $\boldsymbol{K}$ 分别为

$$\boldsymbol{M}=\begin{bmatrix} m_1 & 0 & 0 & 0 \\ 0 & m_2 & 0 & 0 \\ 0 & 0 & m_3 & 0 \\ 0 & 0 & 0 & m_4 \end{bmatrix};\quad \boldsymbol{K}=\begin{bmatrix} k_1+k_2 & -k_2 & 0 & 0 \\ -k_2 & k_2+k_3 & -k_3 & 0 \\ 0 & -k_3 & k_3+k_4 & -k_4 \\ 0 & 0 & -k_4 & k_4+k_5 \end{bmatrix}$$

（1）MATLAB App 窗口设计

四自由度无阻尼自由振动模态参数 MATLAB App 仿真窗口，如图 2-14 所示。

（2）MATLAB App 窗口程序设计（appLU_Exam2_5）

① 私有属性创建：

```
properties(Access=private)
    % 私有属性具体含义见程序
    k1;k2;k3;k4;k5;m1;m2;m3;m4;V;D;
end
```

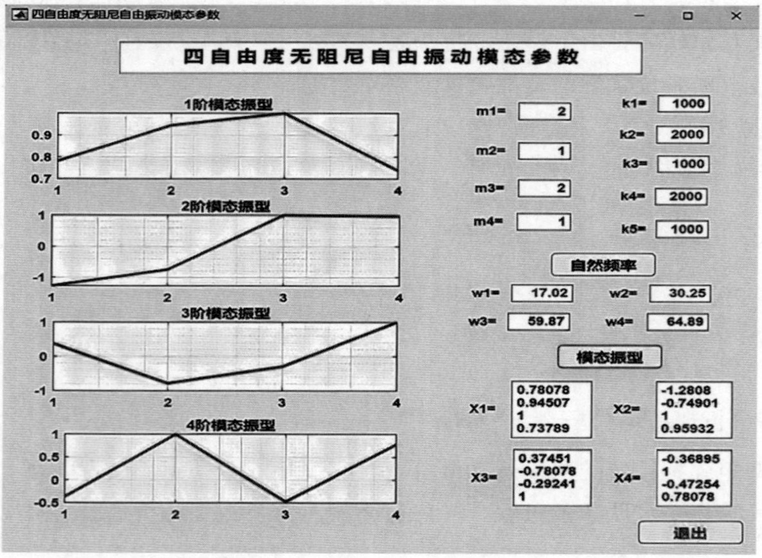

图 2-14　四自由度无阻尼自由振动模态参数 MATLAB App 仿真

② 设置窗口启动回调函数：

```
app.Button_2.Enable='off';                                  % 屏蔽【模态振型】
```

③【自然频率】回调函数：

```
app.m1=app.m1EditField.Value;                               % m1-私有属性
m1=app.m1;
app.m2=app.m2EditField.Value;                               % m2-私有属性
m2=app.m2;
app.m3=app.m3EditField.Value;                               % m3-私有属性
m3=app.m3;
app.m4=app.m4EditField.Value;                               % m4-私有属性
m4=app.m4;
app.k1=app.k1EditField.Value;                               % k1-私有属性
k1=app.k1;
app.k2=app.k2EditField.Value;                               % k2-私有属性
k2=app.k2;
app.k3=app.k3EditField.Value;                               % k3-私有属性
k3=app.k3;
app.k4=app.k4EditField.Value;                               % k4-私有属性
k4=app.k4;
app.k5=app.k5EditField.Value;                               % k5-私有属性
k5=app.k5;
% 输入 M 矩阵和 K 矩阵
M=[m1 0 0 0;
```

```
    0 m2 0 0;
    0 0 m3 0;
    0 0 0 m4];
K=[k1+k2  -k2  0  0;
    -k2  k2+k3  -k3  0;
    0  -k3  k3+k4  -k4;
    0  0  -k4  k4+k5];
[V,D]=eig(K,M);                                     % 特征向量特征值
app.V=V;                                            % V-特征向量
app.D=D;                                            % D-特征值
w1=sqrt(D(1,1));                                    % 一阶自然频率
w2=sqrt(D(2,2));                                    % 二阶自然频率
w3=sqrt(D(3,3));                                    % 三阶自然频率
w4=sqrt(D(4,4));                                    % 四阶自然频率
% 自然频率显示在界面
app.w1EditField.Value=w1;
app.w2EditField.Value=w2;
app.w3EditField.Value=w3;
app.w4EditField.Value=w4;
app.Button_2.Enable='on';                           % 开启【模态振型】
```

④【模态振型】回调函数:

```
% 绘制模态振型
V=app.V;D=app.D;                                    % 私有属性
X1=V(:,1)./max(V(:,1));X2=V(:,2)./max(V(:,2));      % 归一化
X3=V(:,3)./max(V(:,3));X4=V(:,4)./max(V(:,4));      % 归一化
V11=num2str(X1(1,1));                               % 数值转字符串
V12=num2str(X1(2,1));                               % 数值转字符串
V13=num2str(X1(3,1));                               % 数值转字符串
V14=num2str(X1(4,1));                               % 数值转字符串
app.X1TextArea.Value={V11,V12,V13,V14};             % 显示在【X1】
V21=num2str(X2(1,1));                               % 数值转字符串
V22=num2str(X2(2,1));                               % 数值转字符串
V23=num2str(X2(3,1));                               % 数值转字符串
V24=num2str(X2(4,1));                               % 数值转字符串
app.X2TextArea.Value={V21,V22,V23,V24};             % 显示在【X2】
V31=num2str(X3(1,1));                               % 数值转字符串
V32=num2str(X3(2,1));                               % 数值转字符串
V33=num2str(X3(3,1));                               % 数值转字符串
V34=num2str(X3(4,1));                               % 数值转字符串
app.X3TextArea.Value={V31,V32,V33,V34};             % 显示在【X3】
```

```
V41=num2str(X4(1,1));                                          % 数值转字符串
V42=num2str(X4(2,1));                                          % 数值转字符串
V43=num2str(X4(3,1));                                          % 数值转字符串
V44=num2str(X4(4,1));                                          % 数值转字符串
app.X4TextArea.Value={V41,V42,V43,V44};                        % 显示在【X4】
% 绘制振型曲线
cla(app.UIAxes_1);cla(app.UIAxes_2)
cla(app.UIAxes_3);cla(app.UIAxes_4)
plot(app.UIAxes_1,[1 2 3 4],X1(:,1),'b','LineWidth',2)
title(app.UIAxes_1,'1阶模态振型')
plot(app.UIAxes_2,[1 2 3 4],X2(:,1),'b','LineWidth',2)
title(app.UIAxes_2,'2阶模态振型')
plot(app.UIAxes_3,[1 2 3 4],X3(:,1),'b','LineWidth',2);title(app.UIAxes_3,'3阶模态振型')
plot(app.UIAxes_4,[1 2 3 4],X4(:,1),'b','LineWidth',2);title(app.UIAxes_4,'4阶模态振型')
```

⑤【退出】回调函数：

```
sel=questdlg('确认关闭应用程序？','关闭确认,','Yes','No','No');
switch sel
case'Yes'
delete(app)
case'No'
end
```

2.2.3 多自由度有阻尼振动系统简谐激励下强迫振动分析

图 2-15 为四自由度有阻尼线性强迫振动系统模型。其矩阵微分方程可表示为

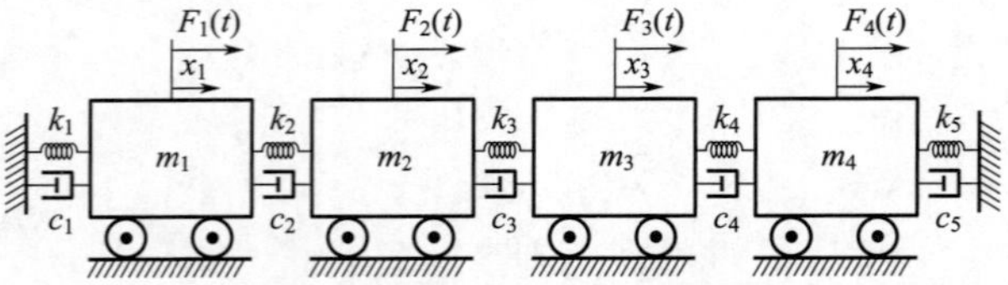

图 2-15　四自由度有阻尼线性强迫振动系统模型

$$\boldsymbol{M}\ddot{\boldsymbol{x}}(t)+\boldsymbol{C}\dot{\boldsymbol{x}}(t)+\boldsymbol{K}\boldsymbol{x}(t)=\boldsymbol{F}(t) \tag{2-70}$$

其中

$$\boldsymbol{M}=\begin{bmatrix} m_1 & 0 & 0 & 0 \\ 0 & m_2 & 0 & 0 \\ 0 & 0 & m_3 & 0 \\ 0 & 0 & 0 & m_4 \end{bmatrix} \tag{2-71a}$$

$$
\boldsymbol{C}=\begin{bmatrix} c_1+c_2 & -c_2 & 0 & 0 \\ -c_2 & c_2+c_3 & -c_3 & 0 \\ 0 & -c_3 & c_3-c_4 & -c_4 \\ 0 & 0 & -c_4 & c_4+c_5 \end{bmatrix} \tag{2-71b}
$$

$$
\boldsymbol{K}=\begin{bmatrix} k_1+k_2 & -k_2 & 0 & 0 \\ -k_2 & k_2+k_3 & -k_3 & 0 \\ 0 & -k_3 & k_3+k_4 & -k_4 \\ 0 & 0 & -k_4 & k_4+k_5 \end{bmatrix} \tag{2-71c}
$$

简谐激振力为

$$
\boldsymbol{F}(t)=\begin{bmatrix} F_1(t) \\ F_2(t) \\ F_3(t) \\ F_4(t) \end{bmatrix}=\begin{bmatrix} F_{01}\cos(\omega t) \\ F_{02}\cos(\omega t) \\ F_{03}\cos(\omega t) \\ F_{04}\cos(\omega t) \end{bmatrix} \tag{2-72}
$$

系统微分方程［式(2-70)］可以用二阶微分方程组表示为

$$
m_1\ddot{x}_1(t)=-(c_1+c_2)\dot{x}_1(t)+c_2\dot{x}_2(t)-(k_1+k_2)x_1(t)+k_2x_2(t)+F_1(t) \tag{2-73a}
$$

$$
m_2\ddot{x}_2(t)=c_2\dot{x}_1(t)-(c_2+c_3)\dot{x}_2(t)+c_3\dot{x}_3(t)+k_2x_1(t)-(k_2+k_3)x_2(t)+k_2x_3(t)+F_2(t) \tag{2-73b}
$$

$$
m_3\ddot{x}_3(t)=c_3\dot{x}_2(t)-(c_3+c_4)\dot{x}_3(t)+c_4\dot{x}_4(t)+k_3x_2(t)-(k_3+k_4)x_3(t)+k_4x_4(t)+F_3(t) \tag{2-73c}
$$

$$
m_4\ddot{x}_4(t)=c_4\dot{x}_3(t)-(c_4+c_5)\dot{x}_4(t)+k_4x_3(t)-(k_4+k_5)x_4(t)+F_4(t) \tag{2-73d}
$$

将上述 4 个二阶微分方程组改写成 8 个一阶微分方程组，即设

$$
y_1=x_1,y_2=\dot{x}_1,y_3=x_2,y_4=\dot{x}_2,y_5=x_3,y_6=\dot{x}_3,y_7=x_4,y_8=\dot{x}_4
$$

则 $\dot{y}_1=y_2$

$\dot{y}_2=(1/m_1)[-(c_1+c_2)y_2+c_2y_4-(k_1+k_2)y_1+k_2y_3+F_{01}\cos(\omega t)]$

$\dot{y}_3=y_4$

$\dot{y}_4=(1/m_1)[c_2y_2-(c_2+c_3)y_4+c_3y_6+k_2y_1-(k_2+k_3)y_3+k_3y_5+F_{02}\cos(\omega t)]$

$\dot{y}_5=y_6$

$\dot{y}_6=(1/m_1)[c_3y_4-(c_3+c_4)y_6+c_4y_8+k_3y_3-(k_3+k_4)y_5+k_4y_7+F_{03}\cos(\omega t)]$

$\dot{y}_7=y_8$

$\dot{y}_8=(1/m_1)[c_4y_6-(c_4+c_5)y_8+k_4y_5-(k_4+k_5)y_7+F_{04}\cos(\omega t)]$

求解上述一阶微分方程组即可得到每个质块的时间响应 $x_1(t)$、$x_2(t)$、$x_3(t)$、$x_4(t)$。

创建由 MATLAB 函数 ode45 调用的 MATLAB App 子函数如下：

```
[t,y]=ode23(@ dfuncLu,tspan,y0);                     % 函数调用格式
function f=dfuncLu(t,y)                               % 子函数
```

```
    f=zeros(8,1);
    f(1)=y(2);
    f(2)=(1/m1)*(F01*cos(w*t)-(c1+c2)*y(2)+c2*y(4)-(k1+k2)*y(1)+k2*y(3));
    f(3)=y(4);
    f(4)=(1/m2)*(F02*cos(w*t)+c2*y(2)-(c2+c3)*y(4)+c3*y(6)+k2*y(1)-(k2+k3)*y(3)+
k3*y(5));
    f(5)=y(6);
    f(6)=(1/m3)*(F03*cos(w*t)+c3*y(4)-(c3+c4)*y(6)+c4*y(8)+k3*y(3)-(k3+k4)*y(5)+
k4*y(7));
    f(7)=y(8);
    f(8)=(1/m4)*(F04*cos(w*t)+c4*y(6)-(c4+c5)*y(8)+k4*y(5)-(k4+k5)*y(7));
```

2.2.4 多自由度振动系统简谐激励下强迫振动响应 MATLAB App 仿真

【仿真 2-6】 建立图 2-15 所示四自由度振动系统简谐激励下强迫振动响应的 MATLAB App 仿真。

(1) MATLAB App 窗口设计

四自由度有阻尼线性振动系统简谐激励下强迫振动响应 MATLAB App 仿真窗口，如图 2-16 所示。

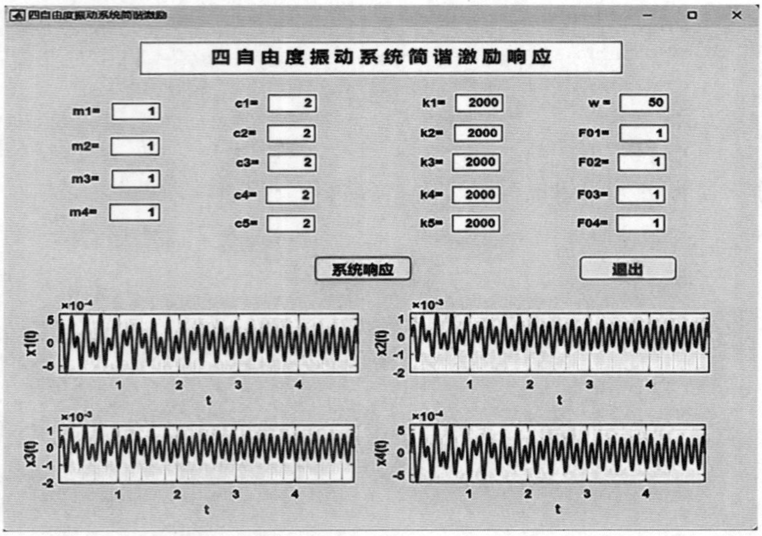

图 2-16 四自由度有阻尼线性振动系统简谐激励下强迫振动响应 MATLAB App 仿真

(2) MATLAB App 窗口程序设计 (appLU_Exam2_6)

① 私有属性创建：

```
properties(Access=private)
    % 私有属性具体含义见程序
```

```
    k1;k2;k3;k4;k5;c1;c2;c3;c4;c5;
    m1;m2;m3;m4;w;F01;F02;F03;F04;
end
```

②【系统响应】回调函数：

```
app.m1=app.m1EditField.Value;                         % m1-私有属性
m1=app.m1;
app.m2=app.m2EditField.Value;                         % m2-私有属性
m2=app.m2;
app.m3=app.m3EditField.Value;                         % m3-私有属性
m3=app.m3;
app.m4=app.m4EditField.Value;                         % m4-私有属性
m4=app.m4;
app.k1=app.k1EditField.Value;                         % k1-私有属性
k1=app.k1;
app.k2=app.k2EditField.Value;                         % k2-私有属性
k2=app.k2;
app.k3=app.k3EditField.Value;                         % k3-私有属性
k3=app.k3;
app.k4=app.k4EditField.Value;                         % k4-私有属性
k4=app.k4;
app.k5=app.k5EditField.Value;                         % k5-私有属性
k5=app.k5;
app.c1=app.c1EditField.Value;                         % c1-私有属性
c1=app.c1;
app.c2=app.c2EditField.Value;                         % c2-私有属性
c2=app.c2;
app.c3=app.c3EditField.Value;                         % c3-私有属性
c3=app.c3;
app.c4=app.c4EditField.Value;                         % c4-私有属性
c4=app.c4;
app.c5=app.c5EditField.Value;                         % c5-私有属性
c5=app.c5;
app.w=app.wEditField.Value;                           % w-私有属性
w=app.w;
app.F01=app.F01EditField.Value;                       % F01-私有属性
F01=app.F01;
app.F02=app.F02EditField.Value;                       % F02-私有属性
F02=app.F02;
app.F03=app.F03EditField.Value;                       % F03-私有属性
F03=app.F03;
```

```
app.F04=app.F04EditField.Value;                          % F04-私有属性
F04=app.F04;
M=[m1 0 0 0;
   0 m2 0 0;
   0 0 m3 0;
   0 0 0 m4];
K=[k1+k2  -k2  0  0;
   -k2  k2+k3  -k3  0;
   0  -k3  k3+k4  -k4;
   0  0  -k4  k4+k5];
C=[c1+c2  -c2  0  0;
   -c2  c2+c3  -c3  0;
   0  -c3  c3+c4  -c4;
   0  0  -c4  c4+c5];
tspan=(0:0.01:5);                                         % tspan-时间范围
y0=[0;0;0;0;0;0;0;0];
[t,y]=ode23(@dfuncLu,tspan,y0);
% 绘制四个响应曲线
plot(app.UIAxes_1,t,y(:,1),'b','linewidth',1.5)          % x1(t)响应曲线
xlabel(app.UIAxes_1,'t')
ylabel(app.UIAxes_1,'x1(t)')
plot(app.UIAxes_2,t,y(:,3),'b','linewidth',1.5)          % x2(t)响应曲线
xlabel(app.UIAxes_2,'t')
ylabel(app.UIAxes_2,'x2(t)')
plot(app.UIAxes_3,t,y(:,5),'b','linewidth',1.5)          % x3(t)响应曲线
xlabel(app.UIAxes_3,'t')
ylabel(app.UIAxes_3,'x3(t)')
plot(app.UIAxes_4,t,y(:,7),'b','linewidth',1.5)          % x4(t)响应曲线
xlabel(app.UIAxes_4,'t')
ylabel(app.UIAxes_4,'x4(t)')
% 子函数
function f=dfuncLu(t,y)
m1=app.m1;m2=app.m2;                                      % 私有属性
m3=app.m3;m4=app.m4;                                      % 私有属性
c1=app.c1;c2=app.c2;c3=app.c3;                            % 私有属性
c4=app.c4;c5=app.c5;                                      % 私有属性
k1=app.k1;k2=app.k2;k3=app.k3;                            % 私有属性
k4=app.k4;k5=app.k5;                                      % 私有属性
F01=app.F01;F02=app.F02;                                  % 私有属性
F03=app.F03;F04=app.F04;                                  % 私有属性
```

```
w=app.w;
f=zeros(8,1);
f(1)=y(2);
f(2)=(1/m1)*(F01*cos(w*t)-(c1+c2)*y(2)+c2*y(4)-(k1+k2)*y(1)+k2*y(3));
f(3)=y(4);
f(4)=(1/m2)*(F02*cos(w*t)+c2*y(2)-(c2+c3)*y(4)+c3*y(6)+...
      k2*y(1)-(k2+k3)*y(3)+k3*y(5));
f(5)=y(6);
f(6)=(1/m3)*(F03*cos(w*t)+c3*y(4)-(c3+c4)*y(6)+c4*y(8)+...
    k3*y(3)-(k3+k4)*y(5)+k4*y(7));
f(7)=y(8);
f(8)=(1/m4)*(F04*cos(w*t)+c4*y(6)-(c4+c5)*y(8)+k4*y(5)-(k4+k5)*y(7));
end
```

③【退出】回调函数：

```
sel=questdlg('确认关闭应用程序？','关闭确认,','Yes','No','No');
switch sel
case'Yes'
delete(app)
case'No'
end
```

2.2.5 多自由度振动系统简谐激励下强迫振动的频率响应分析

频率响应函数是在传递函数分析法基础上演变而来的。用输入系统简谐激励信号来获取被研究系统动态特性的方法简称频率响应分析方法。一个稳定的、定常的线性振动系统，在简谐力作用下，其振动系统稳态响应也是同频率的简谐振动。

对于多自由度线性振动系统，假设该系统受到的外激振力为简谐力 $\boldsymbol{F}(t)=\boldsymbol{F}_0\exp(\mathrm{j}\omega t)$，则该强迫振动系统的矩阵微分方程可表示为

$$\boldsymbol{M}\ddot{\boldsymbol{x}}(t)+\boldsymbol{C}\dot{\boldsymbol{x}}(t)+\boldsymbol{K}\boldsymbol{x}(t)=\boldsymbol{F}_0\exp(\mathrm{j}\omega t) \tag{2-74}$$

系统的稳态响应可表示为

$$\boldsymbol{x}_{\mathrm{P}}=\boldsymbol{u}\exp(\mathrm{j}\omega t) \tag{2-75}$$

式中，$\boldsymbol{u}=[u_1 \quad u_2 \quad \cdots \quad u_N]^{\mathrm{T}}$，矩阵中的元素 u_i 一般为复数。

把式(2-75) 代入式(2-74) 整理后可得

$$(\boldsymbol{K}-\omega^2\boldsymbol{M}+\mathrm{j}\omega\boldsymbol{C})\boldsymbol{u}=\boldsymbol{F}_0 \tag{2-76}$$

如果矩阵 $(\boldsymbol{K}-\omega^2\boldsymbol{M}+\mathrm{j}\omega\boldsymbol{C})$ 可逆，则系统频率响应输出为

$$\boldsymbol{u}=(\boldsymbol{K}-\omega^2\boldsymbol{M}+\mathrm{j}\omega\boldsymbol{C})^{-1}\boldsymbol{F}_0=\boldsymbol{H}(\mathrm{j}\omega)\boldsymbol{F}_0 \tag{2-77}$$

频率响应函数矩阵 $\boldsymbol{H}(\mathrm{j}\omega)$ 为

$$\boldsymbol{H}(\mathrm{j}\omega)=(\boldsymbol{K}-\omega^2\boldsymbol{M}+\mathrm{j}\omega\boldsymbol{C})^{-1} \tag{2-78}$$

频率响应函数矩阵 $\boldsymbol{H}(\mathrm{j}\omega)$ 的元素 $H_{mn}(\mathrm{j}\omega)$ 一般为复数，其幅值 $A_{mn}=|H_{mn}(\mathrm{j}\omega)|$ 表示在第 n 个质量块上施加单位激励后第 m 个质量块的稳态响应幅值（幅频特性），相位则表示响应与激振力之间的相位差。

2.2.6 多自由度振动系统简谐激励下强迫振动的频率响应 MATLAB App 仿真

【仿真 2-7】 建立图 2-2 所示两自由度有阻尼线性系统简谐激励下幅频特性的 MATLAB App 仿真。

两自由度线性系统简谐激励矩阵微分方程为

$$\boldsymbol{M}\ddot{\boldsymbol{x}}(t)+\boldsymbol{C}\dot{\boldsymbol{x}}(t)+\boldsymbol{K}\boldsymbol{x}(t)=\boldsymbol{F}(t)$$

式中 $\boldsymbol{M}=\begin{bmatrix} m_1 & 0 \\ 0 & m_2 \end{bmatrix}$; $\boldsymbol{C}=\begin{bmatrix} c_1+c_2 & -c_2 \\ -c_2 & c_2+c_3 \end{bmatrix}$; $\boldsymbol{K}=\begin{bmatrix} k_1+k_2 & -k_2 \\ -k_2 & k_2+k_3 \end{bmatrix}$

$$\boldsymbol{x}(t)=[x_1(t) \quad x_2(t)]^{\mathrm{T}}; \quad \dot{\boldsymbol{x}}(t)=[\dot{x}_1(t) \quad \dot{x}_2(t)]^{\mathrm{T}}; \quad \ddot{\boldsymbol{x}}(t)=[\ddot{x}_1(t) \quad \ddot{x}_2(t)]^{\mathrm{T}}$$

$$\boldsymbol{F}(t)=[F_{01}\cos(\omega t) \quad F_{02}\cos(\omega t)]^{\mathrm{T}}$$

系统频率响应函数为

$$\begin{aligned}\boldsymbol{u}&=(\boldsymbol{K}-\omega^2\boldsymbol{M}+\mathrm{j}\omega\boldsymbol{C})^{-1}\boldsymbol{F}_0\\&=\left[\begin{bmatrix} k_1+k_2 & -k_2 \\ -k_2 & k_2+k_3 \end{bmatrix}-\omega^2\begin{bmatrix} m_1 & 0 \\ 0 & m_2 \end{bmatrix}+\mathrm{j}\omega\begin{bmatrix} c_1+c_2 & -c_2 \\ -c_2 & c_2+c_3 \end{bmatrix}\right]^{-1}\begin{bmatrix} F_{01} \\ F_{02} \end{bmatrix}\end{aligned}$$

(1) MATLAB App 窗口设计

两自由度有阻尼线性系统简谐激励下幅频特性 MATLAB App 仿真窗口，如图 2-17 所示。

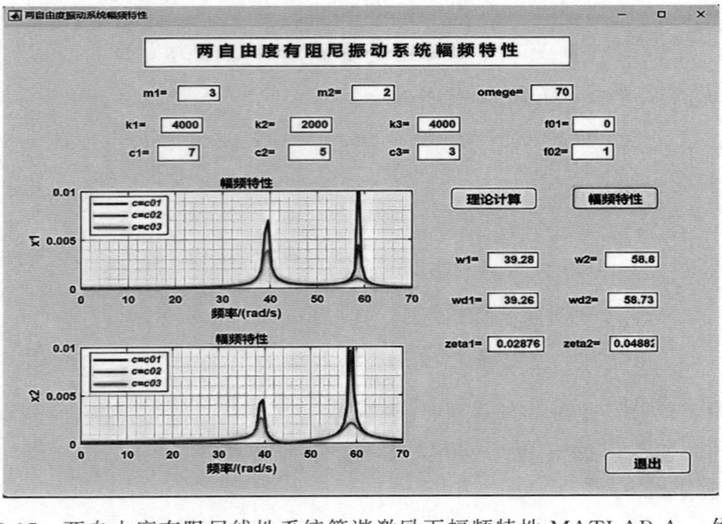

图 2-17 两自由度有阻尼线性系统简谐激励下幅频特性 MATLAB App 仿真

（2）MATLAB App 窗口程序设计（appLU_Exam2_7）

① 私有属性创建：

```
properties(Access=private)
  % 私有属性具体含义见程序
  xr;t;t1;k1;k2;k3;c1;c2;c3;m1;m2;f01;f02;omega;M;K;
end
```

② 设置窗口启动回调函数：

```
app.Button_2.Enable='off';                          % 屏蔽【幅频特性】
```

③【理论计算】回调函数：

```
app.m1=app.m1EditField.Value;                       % m1-私有属性
m1=app.m1;
app.m2=app.m2EditField.Value;                       % m2-私有属性
m2=app.m2;
app.k1=app.k1EditField.Value;                       % k1-私有属性
k1=app.k1;
app.k2=app.k2EditField.Value;                       % k2-私有属性
k2=app.k2;
app.k3=app.k3EditField.Value;                       % k3-私有属性
k3=app.k3;
app.c1=app.c1EditField.Value;                       % c1-私有属性
c1=app.c1;
app.c2=app.c2EditField.Value;                       % c2-私有属性
c2=app.c2;
app.c3=app.c3EditField.Value;                       % c3-私有属性
c3=app.c3;
app.f01=app.f01EditField.Value;                     % f01-初始位移
f01=app.f01;
app.f02=app.f02EditField.Value;                     % f02-初始位移
f02=app.f02;
app.omega=app.omegeEditField.Value;                 % omega-私有属性
omega=app.omega;
% 系统质量矩阵、刚度矩阵与阻尼矩阵
M=[m1 0;0 m2];
app.M=M;
K=[k1+k2  -k2;-k2  k2+k3];
app.K=K;
C=[c1+c2  -c2;-c2  c2+c3];
[V,D]=eig(K,M);                                     % 特征向量特征值
```

```
Cm=V' * C * V;                                   % 模态阻尼矩阵
Dof=length(D);
wn1=sqrt(D(1,1));                                % 一阶自然频率
wn2=sqrt(D(2,2));                                % 二阶自然频率
zeta1=Cm(1,1)/(2 * wn1);                         % 一阶模态阻尼率
zeta2=Cm(2,2)/(2 * wn2);                         % 二阶模态阻尼率
wd1=wn1 * sqrt(1-zeta1^2);                       % 一阶模态有阻尼固有角频率
wd2=wn2 * sqrt(1-zeta2^2);                       % 二阶模态有阻尼固有角频率
app.w1EditField.Value=wn1;                       % 一阶自然频率显示
app.w2EditField.Value=wn2;                       % 二阶自然频率显示
app.zeta1EditField.Value=zeta1;                  % 阻尼率 zeta1 显示
app.zeta2EditField.Value=zeta2;                  % 阻尼率 zeta2 显示
app.wd1EditField.Value=wd1;                      % 一阶模态有阻尼固有角频率显示
app.wd2EditField.Value=wd2;                      % 二阶模态有阻尼固有角频率显示
app.Button_2.Enable='on';                        % 开启【幅频特性】
```

④【幅频特性】回调函数：

```
cla(app.UIAxes);cla(app.UIAxes_2)                % 清除原有图形
M=app.M;K=app.K;
c1=app.c1;c2=app.c2;c3=app.c3;                   % 阻尼系数
f01=app.f01;f02=app.f02;
omega=app.omega;
c0=[0.01 * c1 0.1 * c2 0.8 * c3];                % c0-三种阻尼对比
f=[f01;f02];
omega1=linspace(0,omega,1000)
for kk=1:length(c0)
C=[2 * c0(kk)-c0(kk);-c0(kk)2 * c0(kk)];
for n=1:length(omega1)
w=omega1(n);
i=sqrt(-1);
u=inv(K-M * w^2+i * C * w) * f;
X1(n)=abs(u(1));
X2(n)=abs(u(2));
end
% 绘制质块 m1 幅频特性曲线
if kk==1
line(app.UIAxes,omega1,X1,'color','k','linewidth',2)       % c01-x1 幅频特性
end
if kk==2
line(app.UIAxes,omega1,X1,'color','b','linewidth',1.5)     % c02-x1 幅频特性
end
```

```
if kk==3
line(app.UIAxes,omega1,X1,'color','r','linewidth',1.5)      % c03-x1 幅频特性
end
xlim(app.UIAxes,[0 70])
ylim(app.UIAxes,[0 0.01])
title(app.UIAxes,'幅频特性')
xlabel(app.UIAxes,'频率/(rad/s)')
ylabel(app.UIAxes,'x1')
legend(app.UIAxes,'{\itc}=c01','{\itc}=c02','{\itc}=c03')
% 绘制质块 m2 幅频特性曲线
if kk==1
line(app.UIAxes_2,omega1,X2,'color','k','linewidth',2)      % c01-x2 幅频特性
end
if kk==2
line(app.UIAxes_2,omega1,X2,'color','b','linewidth',1.5)    % c02-x2 幅频特性
end
if kk==3
line(app.UIAxes_2,omega1,X2,'color','r','linewidth',1.5)    % c03-x2 幅频特性
end
xlim(app.UIAxes_2,[0 70])
ylim(app.UIAxes_2,[0 0.01])
title(app.UIAxes_2,'幅频特性')
xlabel(app.UIAxes_2,'频率/(rad/s)')
ylabel(app.UIAxes_2,'x2')
legend(app.UIAxes_2,'{\itc}=c01','{\itc}=c02','{\itc}=c03')
end
```

⑤【退出】回调函数：

```
sel=questdlg('确认关闭应用程序？','关闭确认,','Yes','No','No');
switch sel
case'Yes'
delete(app)
case'No'
end
```

2.2.7 多自由度振动系统的状态方程分析方法

系统的状态空间描述是建立在状态和状态空间概念基础上的，被广泛地应用在控制系统的研究中。系统的状态方程是描述系统动力学问题的另一种模型。如果能够将多自由度线性振动系统问题用状态方程来描述，那么可以借助 MATLAB 强大的计算功能求出振动系统微分方程的数值解，从而可以非常方便地研究振动系统的各种响应。

n 自由度有阻尼线性系统矩阵微分方程为

$$\boldsymbol{M}\ddot{\boldsymbol{x}}(t)+\boldsymbol{C}\dot{\boldsymbol{x}}(t)+\boldsymbol{K}\boldsymbol{x}(t)=\boldsymbol{E}\boldsymbol{f}(t) \tag{2-79}$$

选择状态变量为

$$\boldsymbol{y}_1=\boldsymbol{x}$$

$$\boldsymbol{y}_2=\dot{\boldsymbol{y}}_1=\dot{\boldsymbol{x}}$$

$$\dot{\boldsymbol{y}}_2=\ddot{\boldsymbol{x}}$$

$$\boldsymbol{y}=\begin{bmatrix}\boldsymbol{y}_1\\ \boldsymbol{y}_2\end{bmatrix}_{2n\times 1}$$

$$\dot{\boldsymbol{y}}=\begin{bmatrix}\dot{\boldsymbol{y}}_1\\ \dot{\boldsymbol{y}}_2\end{bmatrix}_{2n\times 1}$$

n 自由度振动模型在状态空间中需要 $2n$ 个状态变量描述，状态方程可表示为

$$\begin{bmatrix}\dot{\boldsymbol{y}}_1\\ \dot{\boldsymbol{y}}_2\end{bmatrix}=\begin{bmatrix}\boldsymbol{0}_{n\times n} & \boldsymbol{I}_{n\times n}\\ -\boldsymbol{M}^{-1}\boldsymbol{K} & -\boldsymbol{M}^{-1}\boldsymbol{C}\end{bmatrix}\begin{bmatrix}\boldsymbol{y}_1\\ \boldsymbol{y}_2\end{bmatrix}+\begin{bmatrix}\boldsymbol{0}_{n\times n}\\ \boldsymbol{M}^{-1}\boldsymbol{E}\end{bmatrix}\boldsymbol{f}(t) \tag{2-80}$$

系统的状态方程为

$$\dot{\boldsymbol{y}}=\boldsymbol{A}\boldsymbol{y}+\boldsymbol{B}\boldsymbol{f}(t) \tag{2-81}$$

系统的输出方程为

$$\boldsymbol{Z}=\boldsymbol{C}\boldsymbol{y} \tag{2-82}$$

式中

状态矩阵
$$\boldsymbol{A}=\begin{bmatrix}\boldsymbol{0}_{n\times n} & \boldsymbol{I}_{n\times n}\\ -\boldsymbol{M}^{-1}\boldsymbol{K} & -\boldsymbol{M}^{-1}\boldsymbol{C}\end{bmatrix}_{2n\times 2n} \tag{2-83}$$

输入矩阵
$$\boldsymbol{B}=\begin{bmatrix}\boldsymbol{0}_{n\times n}\\ \boldsymbol{M}^{-1}\boldsymbol{E}\end{bmatrix} \tag{2-84}$$

输出矩阵
$$\boldsymbol{C}=\begin{bmatrix}\boldsymbol{I}_{n\times n} & \boldsymbol{0}_{n\times n}\end{bmatrix} \tag{2-85}$$

振动系统状态方程可以用 MATLAB 函数 ss 创建，即

$$G=\mathrm{ss}(\boldsymbol{A},\boldsymbol{B},\boldsymbol{C},\boldsymbol{D}) \tag{2-86}$$

2.2.8 多自由度振动系统状态方程时间响应 MATLAB App 仿真

【仿真 2-8】 如图 2-15 所示四自由度有阻尼线性振动系统中，建立系统在任意输入下的时间响应 MATLAB App 仿真。其中，$f_1(t)=100\mathrm{e}^{-t}\sin(3t)$；$f_2(t)=0$；$f_3(t)=10\sin(3t)$；$f_4(t)=0$。

（1）MATLAB App 窗口设计

四自由度有阻尼线性振动系统在任意输入下的时间响应 MATLAB App 仿真窗口，如图 2-18 所示。

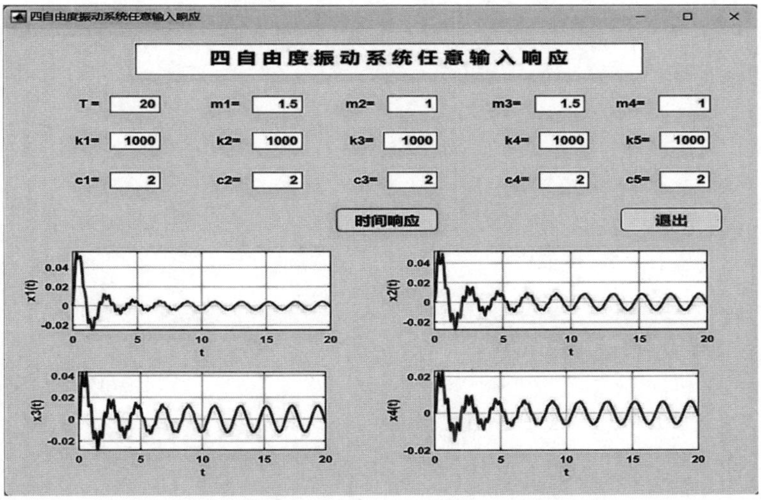

图 2-18　四自由度有阻尼线性振动系统在任意输入下时间响应 MATLAB App 仿真

（2）MATLAB App 窗口程序设计（appLU_Exam2_8）

①【时间响应】回调函数：

```
m1=app.m1EditField.Value;                    % m1-质量
m2=app.m2EditField.Value;                    % m2-质量
m3=app.m3EditField.Value;                    % m3-质量
m4=app.m4EditField.Value;                    % m4-质量
k1=app.k1EditField.Value;                    % k1-弹簧刚度
k2=app.k2EditField.Value;                    % k2-弹簧刚度
k3=app.k3EditField.Value;                    % k3-弹簧刚度
k4=app.k4EditField.Value;                    % k4-弹簧刚度
k5=app.k5EditField.Value;                    % k5-弹簧刚度
c1=app.c1EditField.Value;                    % c1-阻尼系数
c2=app.c2EditField.Value;                    % c1-阻尼系数
c3=app.c3EditField.Value;                    % c3-阻尼系数
c4=app.c4EditField.Value;                    % c4-阻尼系数
c5=app.c5EditField.Value;                    % c5-阻尼系数
T=app.TEditField.Value;                      % T-仿真时间
M=[m1 0 0 0;
   0 m2 0 0;
   0 0 m3 0;
   0 0 0 m4];
K=[k1+k2  -k2  0  0;
   -k2  k2+k3  -k3  0;
   0  -k3  k3+k4  -k4;
```

```
  0  0-k4  k4+k5];
C=[c1+c2  -c2  0  0;
  -c2  c2+c3  -c3  0;
  0  -c3  c3+c4  -c4;
  0  0  -c4  c4+c5];
% 创建状态方程
A=[zeros(4),eye(4);-inv(M)*K,-inv(M)*C];                % 8×8 矩阵
E=eye(4);                                               % 4×4 矩阵
B=[zeros(4);inv(M)*E];                                  % 8×4 矩阵
CC=[eye(4),zeros(4)];                                   % 4×8 矩阵
sys=ss(A,B,CC,[]);                                      % 状态空间模型
% 任意输入下系统响应[应用 MATLAB 函数 lsim(sys,u,t)]
t1=[0:0.1:T]';
u=[100*exp(-t1).*sin(3*t1),0*t1,10*sin(3*t1),0*t1];     % 输入 f1,f2,f3,f4
[y,t]=lsim(sys,u,t1);
plot(app.UIAxes_1,t,y(:,1),'b','linewidth',1.5)         % x1(t)时间响应曲线
xlabel(app.UIAxes_1,'t');ylabel(app.UIAxes_1,'x1(t)')
plot(app.UIAxes_2,t,y(:,2),'b','linewidth',1.5)         % x2(t)时间响应曲线
xlabel(app.UIAxes_2,'t');ylabel(app.UIAxes_2,'x2(t)')
plot(app.UIAxes_3,t,y(:,3),'b','linewidth',1.5)         % x3(t)时间响应曲线
xlabel(app.UIAxes_3,'t');ylabel(app.UIAxes_3,'x3(t)')
plot(app.UIAxes_4,t,y(:,4),'b','linewidth',1.5)         % x4(t)时间响应曲线
xlabel(app.UIAxes_4,'t');ylabel(app.UIAxes_4,'x4(t)')
```

②【退出】回调函数：

```
sel=questdlg('确认关闭应用程序? ','关闭确认,','Yes','No','No');
switch sel
case'Yes'
delete(app)
case'No'
end
```

第3章 随机激励下线性系统振动分析MATLAB App仿真

如果振动系统对激励的响应（如位移、速度或加速度等响应）可以准确地用一个时间函数来表示，则称系统的振动是确定性振动。然而在工程实际中，有许多振动系统对激励的响应参数是不能准确预测的，则称系统的振动是非确定性振动或随机振动，如路面对汽车车轮悬挂系统的激励、喷气发动机对飞机结构的激励、海浪对轮船或采油平台的激励。造成随机振动的原因复杂多样，不可能逐一分析清楚。当人们以相同的条件试图重现系统的振动时间历程时，会发现振动的物理量没有可重复性，即无法预测其将来某一时刻究竟取什么值。工程中系统振动过程的一般分类如图 3-1 所示。

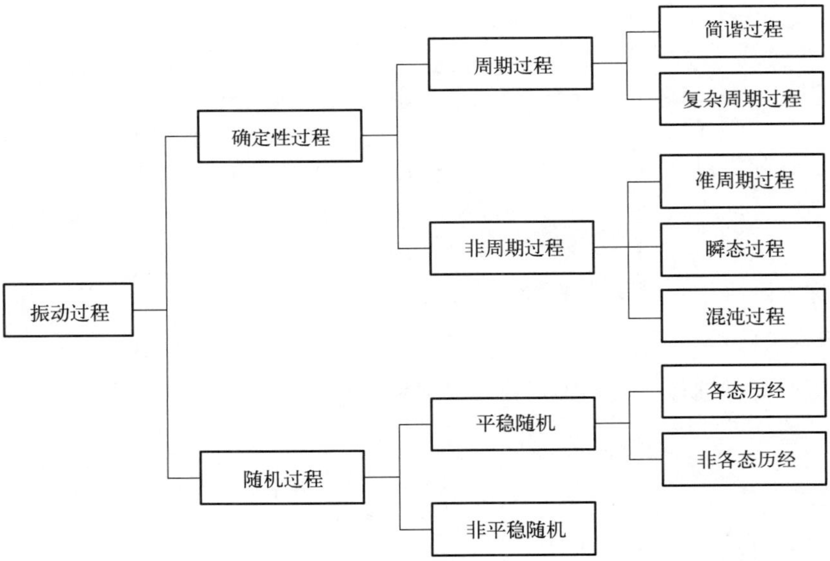

图 3-1 振动过程的一般分类

随机过程的振动服从概率统计规律，因此随机过程的振动规律可以而且只能用概率统计方法描述，只能得到振动系统激励（输入）和响应（输出）的统计值。

本章介绍在各态历经随机过程激励下的线性振动系统响应及其 MATLAB App 设计仿真。

3.1 随机过程统计参数的基本概念

3.1.1 随机过程基本统计参数

(1) 均值

均值是总体随机样本函数$\{x_k(t_i),k=1,2,\cdots,n\}$（如图 3-2 所示）在某时刻 t_i 取值 $x_k(t_i)$ 的平均值。其定义为

$$\mu_x=E[x_k(t_i)]=\lim_{n\to\infty}\frac{1}{n}\sum_{k=1}^{n}x_k(t_i) \tag{3-1a}$$

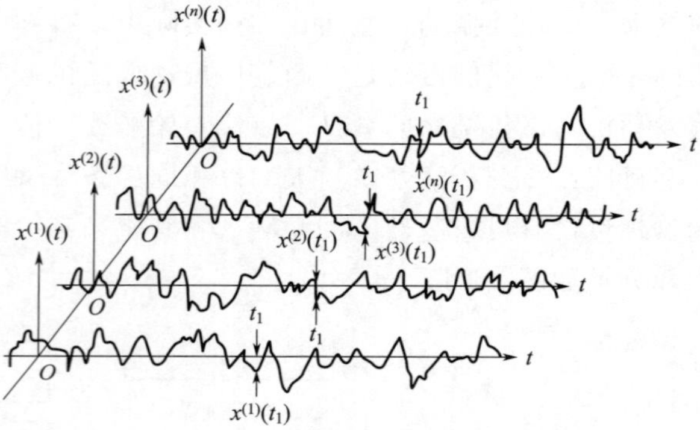

图 3-2　随机过程样本函数$\{x_k(t_i)\}$

对各态历经随机过程$\{x_k(t),k=1,2,\cdots,n\}$，其均值定义为

$$\mu_x=E[x_k(t)]=\lim_{n\to\infty}\frac{1}{n}\sum_{k=1}^{n}x_k(t) \tag{3-1b}$$

均值又称为随机过程的一阶平均统计参数。

(2) 自相关函数

对各态历经随机过程，自相关函数的定义为（τ 为时延）

$$R_x(\tau)=E[x_k(t)x_k(t+\tau)]=\lim_{n\to\infty}\frac{1}{n}\sum_{k=1}^{n}x_k(t)x_k(t+\tau) \tag{3-2}$$

自相关函数又称为随机过程的二阶平均统计参数。

(3) 各态历经随机过程

客观上存在某些随机过程，其样本在空间上分布的统计特性与其中任一样本在时间上历经过程的统计特性之间，有着深刻的相似之处，对这类过程来说，可以认为总体平均与时间平均相等，即

$$E[x_k(t_i)]=E[x_k(t)] \tag{3-3}$$

$$E[x_k(t_i)x_k(t_i+\tau)]=E[x_k(t)x_k(t+\tau)] \tag{3-4}$$

满足上述条件的随机过程 $\{x_k(t)\}$称为各态历经随机过程。

一个随机过程如果是各态历经过程，那么只要抓住其中任何一个样本函数，研究其统计特性，就可以掌握随机过程全部样本的统计特性。事实上，许多与物理现象相关的随机过程都可以认为是各态历经的，但是要想严格判断一个随机过程是不是各态历经的，也是非常困难的。通常先凭直观作出这一假设，然后看具体分析计算的结果是否符合实际，最后据此反过来判断这一假设是否可以接受。本章所涉及的随机过程如不特别说明就是指各态历经随机过程。

（4）自谱密度函数

一个各态历经随机过程 $\{f_k(t), k=1,2,\cdots,n\}$，其自谱密度（自功率谱密度，又称功率谱密度）函数是自相关函数 $R_f(\tau)$ 的傅里叶变换（维纳-辛钦定理），即

$$S_f(\omega)=\int_{-\infty}^{+\infty} R_f(\tau)\mathrm{e}^{-\mathrm{i}\omega\tau}\mathrm{d}\tau \tag{3-5}$$

其傅里叶逆变换为

$$R_f(\tau)=\frac{1}{2\pi}\int_{-\infty}^{+\infty} S_f(\omega)\mathrm{e}^{\mathrm{i}\omega\tau}\mathrm{d}\omega \tag{3-6}$$

（5）互相关函数

互相关函数表示两个随机过程 $\{x_k(t), k=1,2,\cdots,n\}$、$\{y_k(t), k=1,2,\cdots,n\}$ 分别在不同时刻取值时两者之间的统计相关性，定义为

$$R_{xy}(\tau)=E[x_k(t)y_k(t+\tau)]=\lim_{n\to\infty}\frac{1}{n}\sum_{k=1}^{n}x_k(t)y_k(t+\tau) \tag{3-7}$$

（6）互谱密度函数

互谱密度（互功率谱密度）函数 $S_{xy}(\omega)$ 定义为互相关函数 $R_{xy}(\tau)$ 的傅里叶变换，即

$$S_{xy}(\omega)=\int_{-\infty}^{+\infty} R_{xy}(\tau)\mathrm{e}^{-\mathrm{i}\omega\tau}\mathrm{d}\tau \tag{3-8}$$

互相关函数 $R_{xy}(\tau)$ 为互谱密度函数 $S_{xy}(\omega)$ 的傅里叶逆变换，即

$$R_{xy}(\tau)=\frac{1}{2\pi}\int_{-\infty}^{+\infty} S_{xy}(\omega)\mathrm{e}^{\mathrm{i}\omega\tau}\mathrm{d}\omega \tag{3-9}$$

（7）单一频率成分的随机过程

单一频率成分的随机过程样本函数、自相关函数和自功率谱密度函数如图 3-3(a) 所示。

① 样本函数 $f(t)$：

$$f(t)=A\sin(\omega_0 t-\varphi) \tag{3-10}$$

各样本函数是角频率 ω_0 相同而初相位 φ 不同的谐波，其中初相位 φ 为随机变量。

② 自相关函数 $R_f(\tau)$：

$$R_f(\tau)=\frac{A^2}{2}\cos(\omega_0\tau) \tag{3-11}$$

自相关函数 $R_f(\tau)$ 是角频率 ω_0 的谐波函数，而且是时移 τ 的偶函数。

③ 自功率谱密度函数 $S_f(\omega)$：

$$S_f(\omega)=\frac{\pi A^2}{2}[\delta(\omega+\omega_0)+\delta(\omega-\omega_0)] \tag{3-12}$$

$S_f(\omega)$ 对称分布在 $-\omega_0$、ω_0 位置的两个 δ 函数上，这是因为其能量集中在 ω_0 上。

（8）窄带随机过程

窄带随机过程样本函数、自相关函数和自功率谱密度函数如图 3-3(b) 所示。该过程的样本函数并无确定的解析表达式，其外观好像是被缓变随机信号调幅的高频谐波。其自相关函数仍然包含样本函数中的主要频率成分，但其振幅逐渐衰减。这表明随着时移 τ 的增大，样本信号前后之间的相关性在下降，其自功率谱密度函数表示信号的能量集中在一个比较窄的频带范围内。

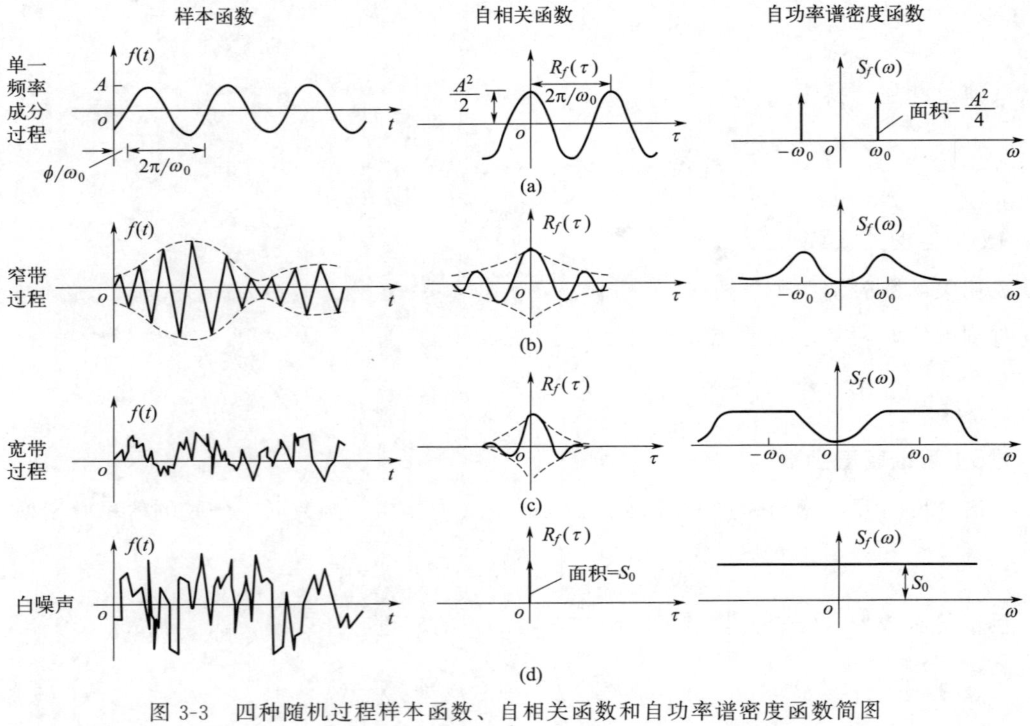

图 3-3　四种随机过程样本函数、自相关函数和自功率谱密度函数简图

（9）宽带随机过程

宽带随机过程样本函数、自相关函数和自功率谱密度函数如图 3-3(c) 所示。该过程的样本函数并无确定的解析表达式，其样本函数包含更多的频率成分，显示出更大的随机性（不确定性）。其自相关函数比窄带过程自相关函数衰减得更快，这表明其样本信号前后之间的相关性更差，而其自功率谱密度函数具有更宽的频带。

（10）白噪声

白噪声样本函数、自相关函数和自功率谱密度函数如图 3-3(d) 所示。白噪声的样本函数具有极大的随机性、不确定性。它最大的特点是其前后信号之间的相关性为零，因而自相

关函数成为狄拉克 δ 函数，即

$$R_f(\tau)=S_0\delta(\tau) \tag{3-13}$$

式中，S_0 是白噪声的功率谱密度幅值。当时移 $\tau\neq0$ 时，$R_f(\tau)=0$。其自功率谱密度函数为

$$S_f(\omega)=S_0 \tag{3-14}$$

这表明白噪声信号中均等地包含各种频率成分，从 $-\infty$ 到 $+\infty$。由于各种颜色（即各种波长）的光可以组成白光，因而这里也借用“白”字，将此种信号称为“白噪声”。

3.1.2 正弦加随机噪声信号自相关函数 MATLAB App 仿真

【仿真 3-1】 对正弦信号加随机噪声信号的自相关函数 $R_x(\tau)$，建立其 MATLAB App 仿真。

（1）MATLAB App 窗口设计

正弦信号＋随机噪声信号的自相关函数 MATLAB App 仿真窗口，如图 3-4 所示。

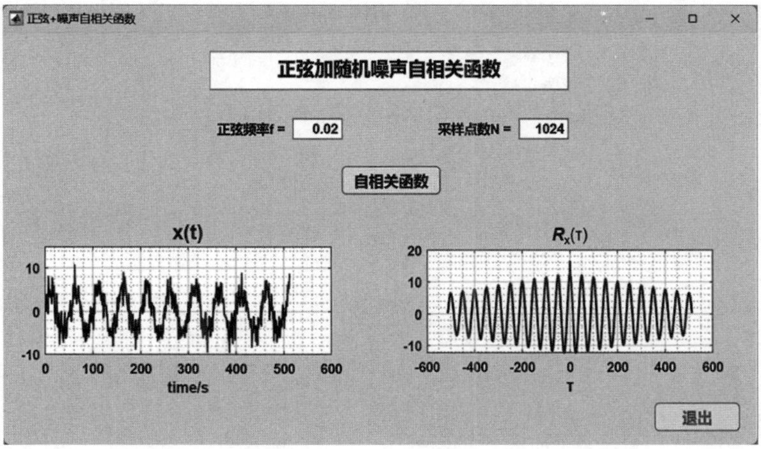

图 3-4　正弦加随机噪声信号的自相关函数 MATLAB App 仿真

（2）MATLAB App 窗口程序设计（appLU_Exam3_1）

①【自相关函数】回调函数：

```
f=app.fEditField.Value;
N=app.NEditField.Value;
cla(app.UIAxes_1);cla(app.UIAxes_2)                         % 清除原图形
Mlag=N/2;
x=5*sin(2*pi*f*(0:N-1))+2*randn(1,N);                       % 正弦+随机噪声信号
covxy=xcorr(x,x,Mlag,'biased');                              % 自相关函数
plot(app.UIAxes_1,x(1:N/2),'color','k','linewidth',1)       % 正弦+随机噪声信号曲线
```

```
xlabel(app.UIAxes_1,'time/s');
title(app.UIAxes_1,'\fontsize{14}x(t)')
plot(app.UIAxes_2,(-Mlag:1:Mlag),covxy,'color','k',"LineWidth",1.5)
                                                        % 自相关函数曲线
xlabel(app.UIAxes_2,'\fontsize{12}\tau');
title(app.UIAxes_2,'\fontsize{12}\slR\rm_{x}(\tau)')
```

②【退出】回调函数：

```
sel=questdlg('确认关闭应用程序？','关闭确认,','Yes','No','No');
switch sel
case'Yes'
delete(app)
case'No'
end
```

3.1.3 各态历经过程限带白噪声自相关函数 MATLAB App 仿真

【仿真 3-2】 限带白噪声（如图 3-5）的自相关函数为 $R_x(\tau)$，其中 S_0 是自功率谱密度幅值。建立其 MATLAB App 仿真。

自相关函数 $$R_x(\tau)=\frac{2S_0}{\tau}[\sin(\omega_2\tau)-\sin(\omega_1\tau)]$$

均方值 $$R_x(0)=2S_0(\omega_2-\omega_1)$$

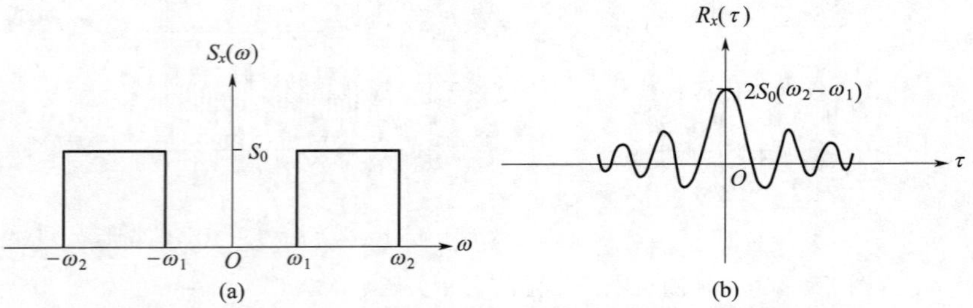

图 3-5 限带白噪声的自功率谱密度函数和自相关函数简图

（1）MATLAB App 窗口设计

限带白噪声的自相关函数 MATLAB App 仿真窗口，如图 3-6 所示。

（2）MATLAB App 窗口程序设计（appLU_Exam3_2）

① 私有属性创建：

```
properties(Access=private)
    % 私有属性具体含义见程序
    w1;w2;w3;w4;S0;
end
```

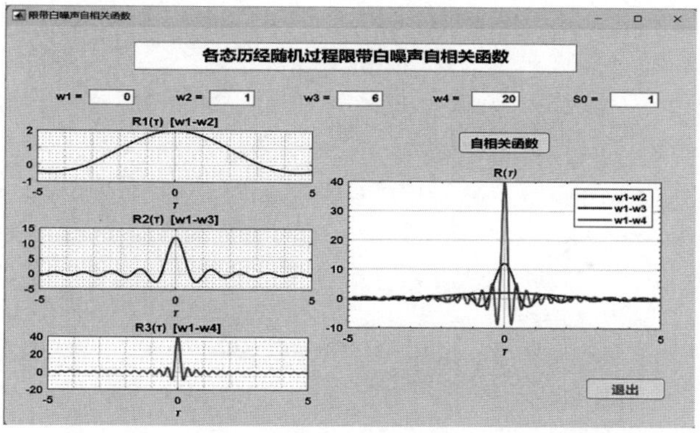

图 3-6　限带白噪声自相关函数 MATLAB App 仿真

② 【自相关函数】回调函数：

```
app.w1=app.w1EditField.Value;                                  % w1-私有属性
w1=app.w1;
app.w2=app.w2EditField.Value;                                  % w2-私有属性
w2=app.w2;
app.w3=app.w3EditField.Value;                                  % w3-私有属性
w3=app.w3;
app.w4=app.w4EditField.Value;                                  % w4-私有属性
w4=app.w4;
app.S0=app.S0EditField.Value;                                  % S0-私有属性
S0=app.S0;
% 清除原有图形
cla(app.UIAxes_1);cla(app.UIAxes_2);cla(app.UIAxes_3);cla(app.UIAxes)
for i=1:5001
t(i)=-5+10*(i-1)/5000;
R1(i)=2*S0*(sin(w2 *t(i))-sin(w1*t(i)))/t(i);                  % 自相关函数
R2(i)=2*S0 *(sin(w3 *t(i))-sin(w1*t(i)))/t(i);                 % 自相关函数
R3(i)=2*S0*(sin(w4*t(i))-sin(w1*t(i)))/t(i);                   % 自相关函数
end
%带宽 w1-w2 自相关函数图形
line(app.UIAxes_1,t,R1,'color','k','linewidth',1.5)
xlabel(app.UIAxes_1,'\it\tau');title(app.UIAxes_1,'R1(\tau)[w1-w2]')
%带宽 w1-w3 自相关函数图形
line(app.UIAxes_2,t,R2,'color','b',"LineWidth",1.5)
xlabel(app.UIAxes_2,'\it\tau');
title(app.UIAxes_2,'R2(\tau)[w1-w3]')
% 带宽 w1-w4 自相关函数图形
line(app.UIAxes_3,t,R3,'color','r',"LineWidth",1.5)
xlabel(app.UIAxes_3,'\it\tau');
title(app.UIAxes_3,'R3(\tau)[w1-w4]')
```

```
%带宽 w1-w2、w1-w3、w1-w4 自相关函数综合图形
line(app.UIAxes,t,R1,'color','k',"LineWidth",1.5)
line(app.UIAxes,t,R2,'color','b',"LineWidth",1.5)
line(app.UIAxes,t,R3,'color','r',"LineWidth",1.5)
xlabel(app.UIAxes,'\it\tau');title(app.UIAxes,'R(\it\tau)')
legend(app.UIAxes,'w1-w2','w1-w3','w1-w4','Location',"northeast")
```

③【退出】回调函数：

```
sel=questdlg('确认关闭应用程序？','关闭确认,','Yes','No','No');
switch sel
case'Yes'
delete(app)
case'No'
end
```

3.2 单自由度线性系统对随机过程的响应

3.2.1 单自由度线性系统的随机输入、输出之间的关系

假定已知线性系统动态特性与随机过程激励的统计特征参数，主要是均值 μ_f、自相关函数 R_f 与自功率谱密度函数 S_f，而需要求得系统响应的统计参数 μ_x、R_x 与 S_x 等，即得到激励统计特征参数、系统动态特性和系统响应统计特征参数之间的关系，如图 3-7 所示。其中，$h(t)$ 为系统的单位脉冲响应函数，$H(\mathrm{j}\omega)$ 是系统频率响应函数。

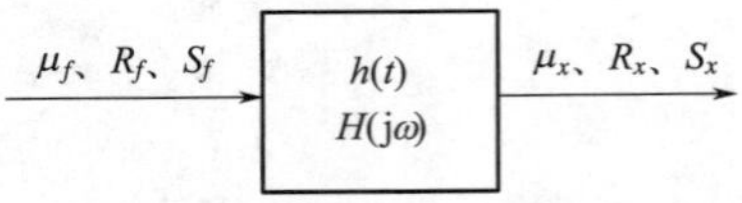

图 3-7 随机过程输入、振动系统和输出统计参数的关系

（1）系统均值之间的关系

$$\mu_x=\mu_f\int_{-\infty}^{+\infty}h(\lambda)\mathrm{d}\lambda=H(0)\mu_f \tag{3-15}$$

式中，$H(0)$ 是系统频率响应函数 $H(\mathrm{j}\omega)$ 在 $\omega=0$ 时的值，即静态放大倍数。

这表明随机过程作用在线性系统上，其响应的均值 μ_x 也是与时间无关的常数，而且等于系统的静态放大倍数 $H(0)$ 与激励输入过程均值 μ_f 的乘积。特殊地，当输入均值为零（$\mu_f=0$）时，响应的均值也为零（$\mu_x=0$）。

（2）自相关函数之间的关系

$$\begin{aligned}R_x(\tau)&=E[x_k(t)x_k(t+\tau)]\\&=\int_{-\infty}^{+\infty}\int_{-\infty}^{+\infty}h(\lambda_1)h(\lambda_2)R_f(\tau+\lambda_1-\lambda_2)\mathrm{d}\lambda_1\mathrm{d}\lambda_2\\&=\frac{1}{2\pi}\int_{-\infty}^{+\infty}|H(\mathrm{j}\omega)|^2S_f(\omega)\mathrm{e}^{\mathrm{j}\omega\tau}\mathrm{d}\omega\end{aligned} \tag{3-16}$$

注意：$R_x(\tau)$ 仅由时移 τ 决定，与时间起点无关。

（3）自功率谱密度函数之间的关系

$$S_x(\omega)=|H(\mathrm{j}\omega)|^2 S_f(\omega) \tag{3-17}$$

上式将响应的自功率谱密度 $S_x(\omega)$ 与激励的自功率谱密度 $S_f(\omega)$ 联系起来。

（4）系统响应的均方值

$$\psi_x^2=R_x(0)=\frac{1}{2\pi}\int_{-\infty}^{+\infty}|H(\mathrm{j}\omega)|^2 S_f(\omega)\mathrm{d}\omega \tag{3-18}$$

（5）系统激励与响应的互相关函数之间关系

如果激励为白噪声，即 $S_f(\omega)=S_0$，则互相关函数为

$$R_{fx}(\tau)=S_0 h(\tau) \tag{3-19}$$

即在白噪声激励下激励与响应之间的互相关函数与系统的单位脉冲响应函数成正比。

（6）系统激励与响应的互谱密度函数之间关系

$$S_{fx}(\omega)=H(\mathrm{j}\omega)S_f(\omega) \tag{3-20}$$

即激励与响应之间的互谱密度等于系统频率响应函数与激励自谱密度的乘积。因此，如果求得了系统激励的自谱密度和系统激励与响应之间的互谱密度，系统的频率响应函数为

$$H(\mathrm{j}\omega)=\frac{S_{fx}(\omega)}{S_f(\omega)} \tag{3-21}$$

式(3-21) 给出了系统频率响应函数的完整信息，是动态系统辨识中经典的理论公式。

3.2.2 单自由度线性系统对白噪声激励响应 MATLAB App 仿真

【仿真 3-3】 建立如图 3-8 所示单自由度有阻尼线性振动系统在白噪声激振力作用下响应的自功率谱密度和均方值的 MATLAB App 仿真。

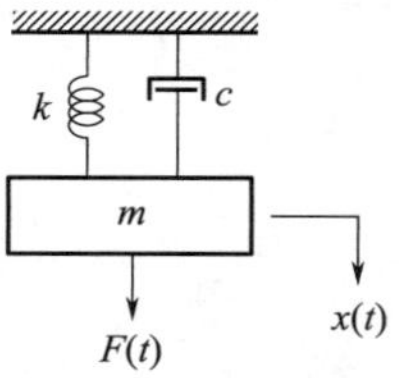

图 3-8 外力 $F(t)$ 激励引起质块 m 的位移 $x(t)$ 响应

输入白噪声激振力的自功率谱密度函数 $S_f(\omega)=S_0$

振动系统的频率响应函数 $H(\mathrm{j}\omega)=\dfrac{1}{k-m\omega^2+\mathrm{j}\omega c}$

振动系统响应的自功率谱密度函数 $S_x(\omega)=\dfrac{S_0}{(k-m\omega^2)^2+(\omega c)^2}$

振动系统响应的均方值 $\psi_x^2=\dfrac{S_0\omega_n}{4k^2\zeta}$

【仿真 3-4】 建立如图 3-9 所示单自由度有阻尼线性振动系统在基础白噪声激励运动下响应的系统自功率谱密度和均方值的 MATLAB App 仿真。

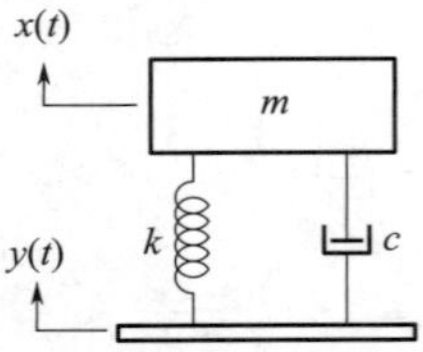

图 3-9 基础位移 $y(t)$ 激励引起质块 m 的位移 $x(t)$ 响应

基础运动白噪声的自功率谱密度函数 $S_y(\omega)=S_0$

基础运动时振动系统的频率响应函数 $H(\mathrm{j}\omega)=\dfrac{k+\mathrm{j}\omega c}{k-m\omega^2+\mathrm{j}\omega c}$

系统响应的自功率谱密度函数 $S_x(\omega)=\dfrac{[k^2+(\omega c)^2]S_0}{(k-m\omega^2)^2+(\omega c)^2}$

振动系统响应的均方值 $\psi_x^2=\dfrac{S_0\omega_n(4\zeta^2+1)}{4\zeta}$

（1）MATLAB App 窗口设计

单自由度有阻尼线性振动系统在白噪声激励下响应 MATLAB App 仿真窗口，如图 3-10 所示。

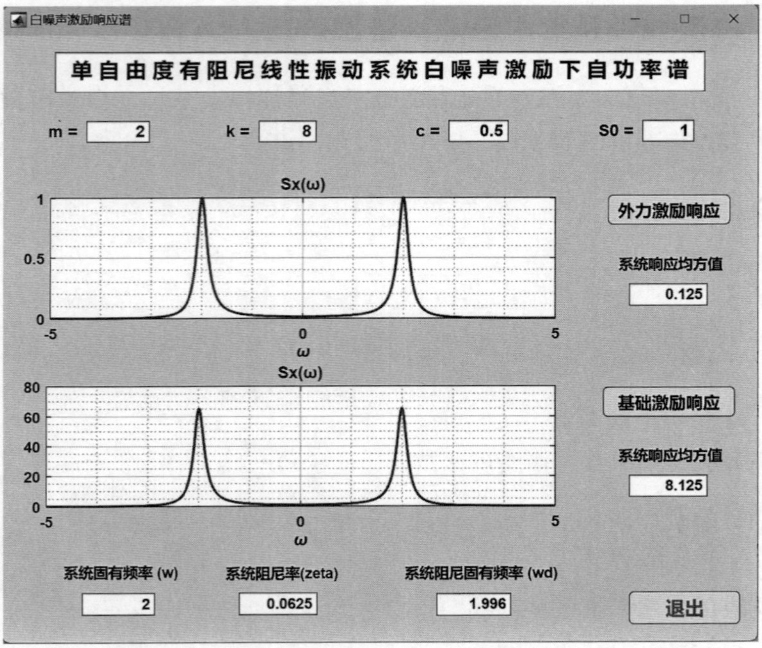

图 3-10 单自由度有阻尼线性振动系统在白噪声激励下响应 MATLAB App 仿真

（2）MATLAB App 窗口程序设计（appLU_Exam3_3）

① 私有属性创建：

```
properties(Access=private)
% 私有属性具体含义见程序
m;k;c;S0;
end
```

②【外力激励响应】回调函数：

```
app.m=app.mEditField.Value;                          % m-私有属性
m=app.m;
app.k=app.kEditField.Value;                          % k-私有属性
k=app.k;
app.c=app.cEditField.Value;                          % c-私有属性
c=app.c;
app.S0=app.S0EditField.Value;                        % S0-私有属性
S0=app.S0;
w=sqrt(k/m);                                         % w-基频角频率
app.wEditField.Value=w;                              % 角频率显示
zeta=c/(2*w*m);                                      % zeta-阻尼率
if zeta>=1                                           % 阻尼率大于1判断
msgbox('阻尼率>=1,请减小阻尼率','友情提示！')
else
app.zetaEditField.Value=zeta;                        % 阻尼率显示
wd=w*sqrt(1-zeta^2);                                 % wd-阻尼固有角频率
app.wdEditField.Value=wd;                            % wd显示
Psi=(S0*w)/(k*k*4*zeta);                             % 均方值
app.EditField.Value=Psi;                             % 均方值显示
for i=1:1001
t(i)=-5+10*(i-1)/1000;
R1(i)=S0/((k-m*t(i)*t(i))^2+t(i)*t(i)*c^2);          % 响应自功率谱函数
end
% 绘制响应自功率谱图形曲线
cla(app.UIAxes_1)
line(app.UIAxes_1,t,R1,'color','b','linewidth',1.5)
xlabel(app.UIAxes_1,'\it\omega');
title(app.UIAxes_1,'Sx(\omega)')
end
```

③【基础激励响应】回调函数：

```
app.m=app.mEditField.Value;                        % m-私有属性
m=app.m;
app.k=app.kEditField.Value;                        % k-私有属性
k=app.k;
app.c=app.cEditField.Value;                        % c-私有属性
c=app.c;
app.S0=app.S0EditField.Value;                      % S0-私有属性
S0=app.S0;
w=sqrt(k/m);                                       % w-基频角频率
app.wEditField.Value=w;                            % 角频率显示
zeta=c/(2*w*m);                                    % zeta-阻尼率
if zeta>=1                                         % 阻尼率大于 1 判断
msgbox('阻尼率>=1,请减小阻尼率','友情提示！');
else
app.zetaEditField.Value=zeta;                      % 阻尼率显示
wd=w*sqrt(1-zeta^2);                               % wd-阻尼固有角频率
app.wdEditField.Value=wd;                          % wd 显示
Psi=(S0*w)*(4*zeta*zeta+1)/(4*zeta);               % 均方值
app.EditField_2.Value=Psi;                         % 均方值显示
for i=1:1001                                       % 频率变化区间
t(i)=-5+10*(i-1)/1000;
R1(i)=S0*(k*k+t(i)*t(i)*c^2)/((k-m*t(i)*t(i))^2+t(i)*t(i)*c^2);
                                                   % 响应自功率谱函数
end
% 绘制响应自功率谱图形曲线
cla(app.UIAxes_2)
line(app.UIAxes_2,t,R1,'color','b','linewidth',1.5)
xlabel(app.UIAxes_2,'\it\omega');
title(app.UIAxes_2,'Sx(\omega)')
end
```

④【退出】回调函数：

```
sel=questdlg('确认关闭应用程序？','关闭确认,','Yes','No','No');
switch sel
case'Yes'
delete(app)
case'No'
end
```

3.3 车辆悬架系统对路面随机输入响应的均方根值

如图 3-11 所示两自由度车辆悬架系统模型，其在行驶过程中由于路面的随机凹凸不平，会激起车辆悬架系统的随机振动。描述路面随机不平度需要数理统计学理论，国际标准化组织制定了 8 级路面分类标准的功率谱密度函数，并将其作为设计和评价悬架系统的随机路面输入函数。

3.3.1 路面速度功率谱密度函数

路面速度功率谱密度函数 $G_{\dot{w}}(f)$ 为

$$G_{\dot{w}}(f)=(2\pi f)^2 G_w(f)=4\pi^2 G_w(n_0)n_0^2 u \tag{3-22}$$

式中，n_0 为参考空间频率（波长倒数），通常取 0.1m^{-1}；u 为车速，通常取 20m/s；$G_w(n_0)$ 为参考空间频率下功率谱密度值，也称路面不平度系数，B 级路面通常取为 $64\times10^{-6}\text{m}^3$，C 级路面通常取为 $256\times10^{-6}\text{m}^3$。

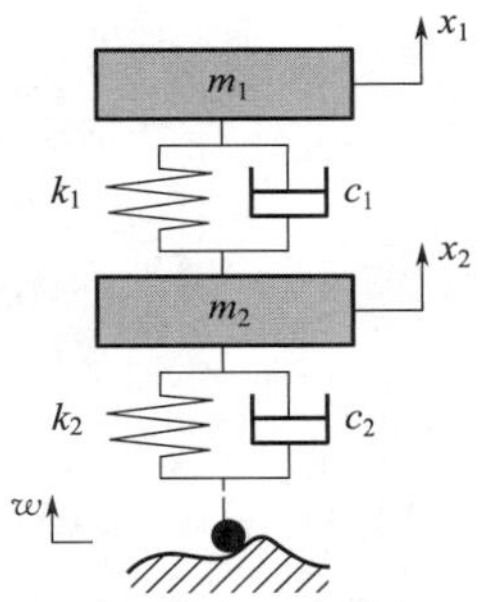

图 3-11 两自由度车辆悬架系统模型

车辆悬架系统对路面随机速度 $\dot{w}(t)$ 输入下的车身振动加速度 $\ddot{x}_1(t)$ 的响应均方值 $\sigma_{\ddot{x}_1}^2$ 为

$$\sigma_{\ddot{x}_1}^2=\int_0^\infty \left|\frac{\ddot{x}_1}{\dot{w}}\right|^2 G_{\dot{w}}(f)\mathrm{d}f \tag{3-23}$$

将式(3-22) 代入式(3-23)，可得

$$\sigma_{\ddot{x}_1}^2=4\pi^2 G_w(n_0)n_0^2 u\int_0^\infty \left|\frac{\ddot{x}_1}{\dot{w}}\right|^2 \mathrm{d}f \tag{3-24}$$

由上式可以看出，当两自由度车辆悬架系统参数确定后，系统的幅频特性 $\left|\frac{\ddot{x}_1}{\dot{w}}\right|$ 就确定了，因而车身振动加速度的均方值与路面不平度系数 $G_w(n_0)$ 和车速 u 成正比。

3.3.2 两自由度悬架系统路面随机输入响应均方根值 MATLAB App 仿真

【仿真 3-5】 两自由度车辆悬架系统如图 3-11 所示，已知系统参数 m_1、m_2、k_1、k_2、c_1、c_2 和路面输入参数 $G_w(n_0)$、n_0、u。建立系统响应 $\ddot{x}_1(t)$ 的均方根值 $\sigma_{\ddot{x}_1}$ 的 MATLAB App 仿真。

（1）MATLAB App 窗口设计

两自由度悬架系统路面随机输入响应的均方根值 MATLAB App 仿真窗口，如图 3-12 所示。

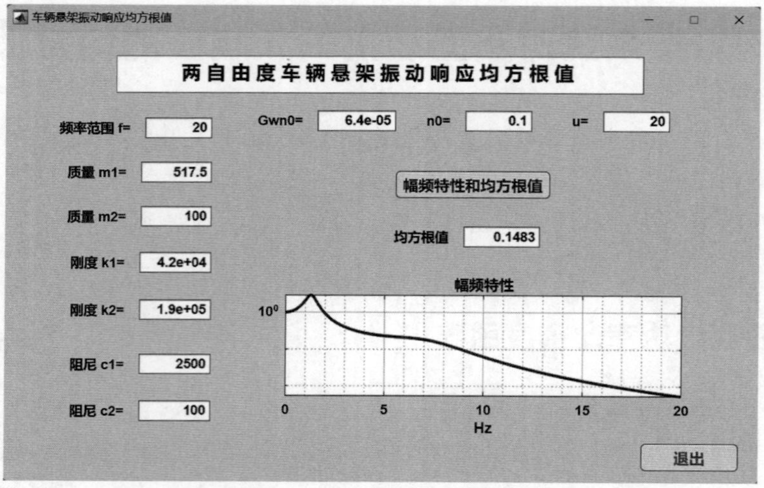

图 3-12　两自由度车辆悬架振动响应均方根值 MATLAB App 仿真

（2） MATLAB App 窗口程序设计（appLU_Exam3_4）

①【幅频特性和均方根值】回调函数：

```
m1=app.m1EditField.Value;                                  % m1-质量
m2=app.m2EditField.Value;                                  % m2-质量
k1=app.k1EditField.Value;                                  % k1-刚度
k2=app.k2EditField.Value;                                  % k2-刚度
c1=app.c1EditField.Value;                                  % c1-阻尼系数
c2=app.c2EditField.Value;                                  % c2-阻尼系数
f=app.fEditField.Value;                                    % 频率范围
Gqn0=app.Gqn0EditField.Value;                              % 路面不平度系数
n0=app.n0EditField.Value;                                  % 参考空间频率
u=app.uEditField.Value;                                    % 车速
M=[m1 0;0 m2];                                             % 质量矩阵
K=[k1  -k1;-k1  k1+k2];                                    % 刚度矩阵
H=inv(M)*K;
[A,w2]=eig(H);                                             % 特征值和特征向量
w2=sqrt(w2);                                               % 固有角频率
w21=w2(1,1)/2/pi;                                          % 一阶固有频率
w22=w2(2,2)/2/pi;                                          % 二阶固有频率
% 状态方程
A=[0 0 1 0;0 0 0 1;-k1/m1 k1/m1-c1/m1 c1/m1;k1/m2-(k1+k2)/m2 c1/m2-(c1+c2)/m2];
B=[0;c2/m2;c1*c2/m1/m2;k2/m2-(c2/m2)^2-c1*c2/m2^2];
C=[1 0 0 0;0 1 0 0];D=[0;0];
w=0.1:0.1:2*pi*f;                                          %角频率范围
[MUN,DEN]=ss2tf(A,B,C,D);                                  % 状态方程转化为传递函数
```

```
G1=polyval(MUN(1,:),j*w)./polyval(DEN,j*w);              % 传递函数-输入 w 输出 x1
mag1=abs(G1);                                             % 幅频特性
% 计算均方根值
N=length(w);df=max(w)/N;
tao=0;
for n=1:N
dt=4*pi*pi*Gqn0*n0*n0*u*(mag1(n)*mag1(n))*df;
tao=tao+dt;
end
w=w/2/pi;                                                 % 角频率转换为频率(Hz)
app.EditField.Value=sqrt(tao);                            % 均方根值显示在 App 界面上
cla(app.UIAxes)
semilogy(app.UIAxes,w,mag1,'b','linewidth',2)             % 绘制幅频特性曲线
xlabel(app.UIAxes,'Hz')
title(app.UIAxes,'幅频特性')
```

② 【退出】回调函数：

```
sel=questdlg('确认关闭窗口？','关闭确认,','Yes','No','No');
switch sel
case'Yes'
delete(app)
case'No'
end
```

第4章 机械振动应用案例 MATLAB App仿真

机械振动分析在科学研究、机械加工装备、车辆减振、设备维护及安全性保障等方面都具有极其重要的意义。特别是一些重要机械设备存在难以数计的有害振动问题，这些问题可能导致巨大的工程损失或隐藏着可怕的安全隐患。以机械振动分析方法和数字化仿真来研究、分析和解决这些问题，特别是用 App 仿真来直观地设计和解决这些问题尤为重要。

本章从金属切削机床加工自激振动、动力吸振器应用、车辆悬架振动和曲轴磨床振动几方面，详解 MATLAB App 设计仿真的应用。

4.1 金属切削机床加工自激振动分析与 MATLAB App 仿真

自由振动是由一定的初始条件所激起的系统振动，强迫振动是由某种外部持续的激励所激起的系统振动，而自激振动则是在没有外部激励的条件下由系统自身静能所激起的一种持续而稳定的系统周期振动。在自由振动条件下，振幅会由于振动系统阻尼的存在而不断衰减；而自激振动一旦被激起，其振幅会迅速增大，这一点与自由振动刚好相反，这表明在自激振动系统中存在一种与阻尼的作用正好相反的因素，这种因素即所谓的“负阻尼”。自激振动只能在特定的系统（例如机床的金属切削加工过程、飞机机翼与气流相互作用等）中产生，能产生自激振动的系统简称为自振系统。

本节介绍金属切削机床加工自激振动系统及其 MATLAB App 设计仿真。

4.1.1 机床切削加工自激振动理论

（1）再生颤振原理

机床在金属切削加工过程中可能发生的切削颤振是一种自激振动，它可以由再生颤振来解释，如图 4-1 所示。再生颤振是一种典型的由切削厚度变化而引起的振动位移 $x(t)$ 延时反馈所导致的刀具与工件之间的“负阻尼”所诱发的动态切削过程中的失稳现象，它是金属切削机床发生自激振动的主要机制之一。

图 4-1(a) 为切入法车削外圆的示意图。切削运动由工件的自转速度 n(r/s) 与刀具沿工件径向的进给速度 s_0(mm/r) 组成，s_0 在数值上等于平均切削厚度。一方面，$x(t)$ 是刀具相对于工件在水平方向的振动位移，即机床的结构变形，而 $F(t)$ 是作用在刀具上的切削力。同时，由于机床机械结构相当于单自由度线性振动系统，$F(t)$ 又是作用在其上使其产生振动位移 $x(t)$ 的外力。另一方面，$x(t)$ 又引起瞬时切削厚度 $s(t)$ 围绕其均值 s_0 变化，而这一变化又会反过来引起切削力 $F(t)$ 变化。因此，$s(t)$ 不仅与刀刃在当时的振动位移有关，而且还与工件在上一圈的振动 $y(t)$ 有关，即存在振动位移的延时反馈。

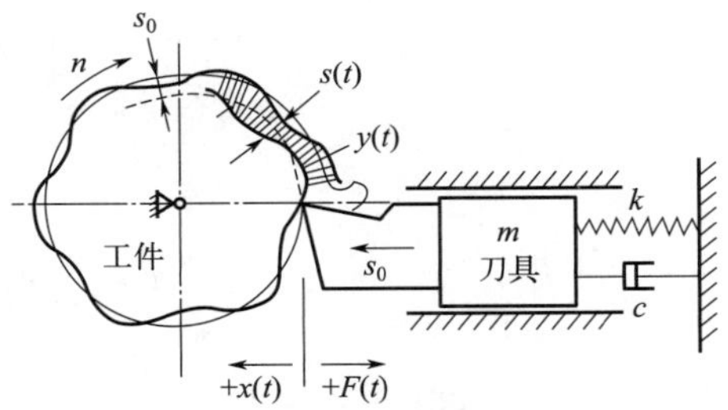

(a) 切削过程原理图

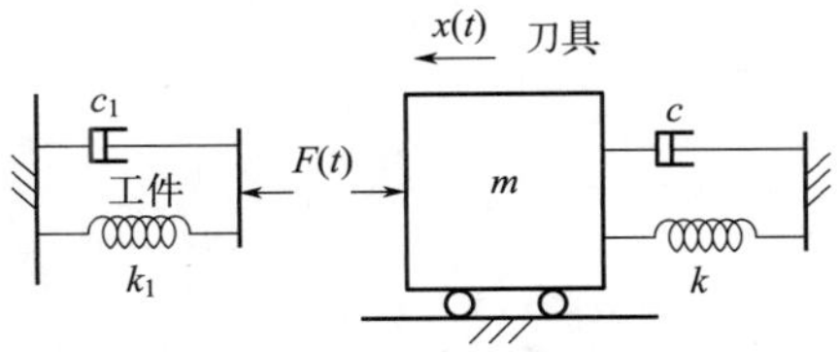

(b) 切削加工动力学简图

图 4-1　机床切削加工过程再生颤振模型

假设在切削过程中刀具突然碰到工件材料中的一个硬点，切削力 $F(t)$ 立即获得一个动态增量 $\Delta F(t)$，而 $\Delta F(t)$ 作用在机床机械结构上引起振动 $x(t)$，$x(t)$ 又改变了瞬时切削厚度 $\Delta s(t)$，从而引起切削力的二次变化 $\Delta F_1(t)$。在一定的切削条件下会发现，旋转一周以后切削力的变化增加了，即 $\Delta F_1(t)>\Delta F(t)$。同理，再转一周又会有 $\Delta F_2(t)>\Delta F_1(t)$,…，如此周而复始，$\Delta F(t)$ 及 $x(t)$ 不断增加，愈演愈烈，最终形成强烈的自激振动。机床切削过程中的这类自激振动被称为“再生颤振”。

当切削过程中所采用的切削厚度和切削深度在某个极限范围内时，不会发生再生颤振，这种状态下的区域称为切削稳定区域。

（2）切削加工运动微分方程

如图 4-1 (b) 所示切削加工动力学简图，按牛顿定律列出系统的运动微分方程为

$$\frac{d^2x(\tau)}{d\tau^2}+(\frac{1}{Q}+\frac{c_1}{c\Omega})\frac{dx(\tau)}{d\tau}+(1+\frac{k_1}{k})x(\tau)-\mu\frac{k_1}{k}x(\tau-\frac{1}{\Omega})=0 \tag{4-1}$$

其中

时间常数　　$\tau=\omega_n t$

无量纲角速度　　$\Omega=\dfrac{n}{2\pi\omega_n}$

无阻尼固有角频率　　$\omega_n=\sqrt{k/m}$

阻尼率　　$\zeta=\dfrac{c}{2m\omega_n}$

式中，Q 为临界切削宽度系数；μ 为切削宽度系数；c_1/c 为滞后阻尼系数；k_1/k 为刚

度系数。

假设产生 $x=A\mathrm{e}^{\lambda\tau}$ 的运动，则由式(4-1) 可以得到系统特征方程为

$$\lambda^2+\left(\frac{1}{Q}+\frac{c_1}{c\Omega}\right)\lambda+1+\frac{k_1}{k}(1-\mu\mathrm{e}^{-\lambda/\Omega})=0 \tag{4-2}$$

为寻找稳定边界条件值，将 $\lambda=\mathrm{j}\omega$ 代入式(4-2)，由虚部和实部分别相等可得

$$\frac{1}{Q}+\frac{c_1}{c\Omega}+\frac{\mu k_1\sin(\omega/\Omega)}{k\omega}=0 \tag{4-3}$$

$$\omega^2=1+\frac{k_1}{k}[1-\mu\cos(\omega/\Omega)] \tag{4-4}$$

其中，滞后阻尼系数 c_1/c、刚度系数 k_1/k、切削宽度系数 μ 为已知的机床切削参数，无量纲角速度 Ω 在特定范围内变化。对于每个 Ω，用 MATLAB 函数 fzero 求解 ω，然后作出 Ω-Q 稳定性图。即

$$\frac{1}{Q}=-\frac{c_1}{c\Omega}-\frac{\mu k_1\sin(\omega/\Omega)}{k\omega} \tag{4-5}$$

4.1.2 机床切削加工自激振动稳定性图 MATLAB App 仿真

【仿真 4-1】 建立如图 4-1 机床切削加工自激振动稳定性图的 MATLAB App 仿真。

(1) MATLAB App 窗口设计

机床切削加工自激振动稳定性图 MATLAB App 仿真窗口，如图 4-2 所示。其中阴影区域为切削颤振区，线条以下为绝对切削稳定工作区，其余白色区域为相对切削稳定工作区。

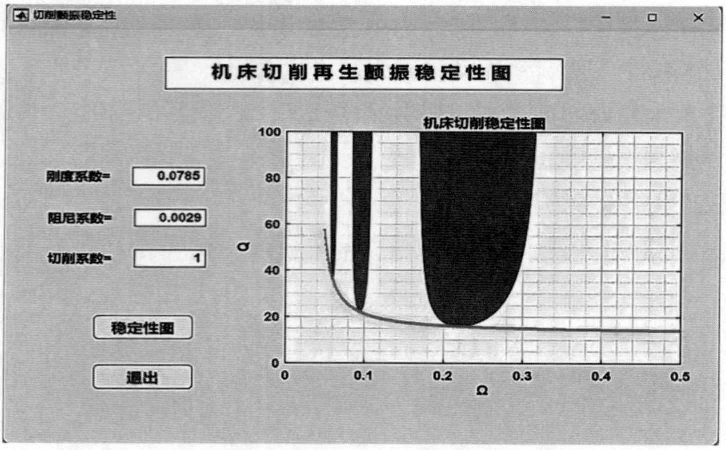

图 4-2 机床再生颤振切削稳定性图 MATLAB App 仿真

(2) MATLAB App 窗口程序设计（appLU_Exam4_1）

①【稳定性图】回调函数：

```
k1k=app.EditField.Value;                              % k1k-刚度系数
c1c=app.EditField_2.Value;                            % c1c-滞后阻尼系数
```

```
u=app.EditField_3.Value;                                    % u-切削宽度系数
Ob=linspace(0.03,0.5,300);                                  % Ob-无量纲角速度范围
opt=optimset('Display','off');                              % 优化参数选择
L=length(Ob);
for n=1:L
w(n)=fzero(inline('1-w.^2+k1k*(1-u*cos(w./Ob))','w','u','k1k','Ob'),...
           [0.8 1.2],opt,u,k1k,Ob(n));                      % 式(4-4)
end
xx=-1./(c1c./Ob+u*sin(w./Ob)./w*k1k);                       % 式(4-5)
indx=find(xx>=0);
% 稳定性图形绘制
cla(app.UIAxes)                                             % 清除原图形
axis(app.UIAxes,[0 0.5 0 100])                              % 绘图范围
x=Ob(indx);
y=xx(indx);
plot(app.UIAxes,x,y,'k-')                                   % 绘制阴影区域边界
xlabel(app.UIAxes,'\Omega');
ylabel(app.UIAxes,'Q')
fill(app.UIAxes,x,y,'r')                                    % 填充阴影区域
title(app.UIAxes,'机床切削稳定性图')
B=sqrt(2)*sqrt(1+k1k-sqrt(1+2*k1k+(k1k^2)*(1-u^2)));        % 计算稳定性边界
Om=1./(B-c1c./Ob);
ind=find(Ob<0.05);
x1=Ob(ind(end):L);
y1=Om(ind(end):L);
line(app.UIAxes,x1,y1,'color','b','marker','.')             % 绘制稳定性边界线
```

②【退出】回调函数：

```
sel=questdlg('确认关闭窗口？','关闭确认,','Yes','No','No');
switch sel
case'Yes'
delete(app)
case'No'
end
```

4.2 动力吸振器分析与 MATLAB App 仿真

机械振动不仅会导致机器（利用振动原理工作的机器除外）本身的精度和可靠性降低，而且会对人体造成损害，也是产生噪声公害的原因。因此，机械振动的减振和制振是个非常重要的振动控制应用专题，而动力吸振器就是机械振动控制应用中重要的减振和制振装置。

当激振力频率接近机械设备的某一阶固有频率时，会引发机械设备产生过大的振动。这时可以在设备上附加一个子系统（图 4-3 中的虚线部分）来减小或消除机械设备的振动，该附加子系统被称为动力吸振器。由于主系统与附加子系统构成串联结构系统，动力吸振器的物理参数（m_2、k_2、c_2）可以根据作用在主系统质量 m_1 上的外部激振力 $F_0\sin(\omega t)$ 的频率进行设计。只要设计合理，就可以将主系统的振动能量转移到子系统上，利用子系统的质量 m_2 振动所产生的反作用力来降低或抵消主系统质量 m_1 的振动，从而达到使主系统减振的目的。

图 4-3 是三种典型的主系统附加动力吸振器子系统的减振系统模型。

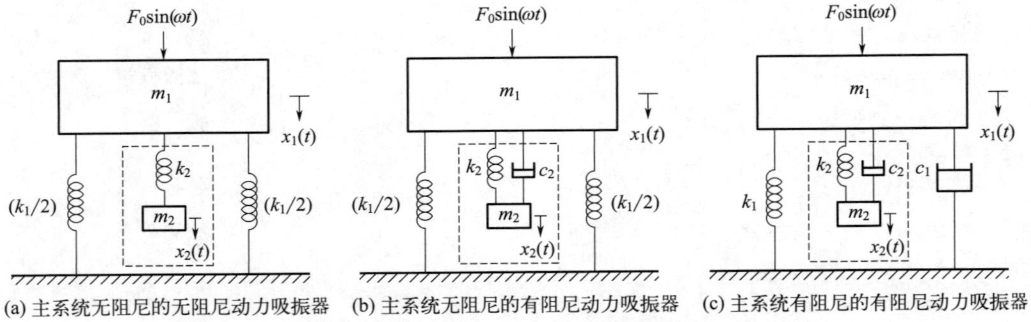

图 4-3　三种典型动力吸振器系统模型

本节介绍动力吸振器系统及其 MATLAB App 设计仿真。

4.2.1　主系统无阻尼的无阻尼动力吸振器系统理论

利用刚度为 k_2 的弹簧将附加质量 m_2 连接到质量为 m_1 的主系统上，就构成一个两自由度线性振动系统，如图 4-3(a) 所示为主系统无阻尼的无阻尼动力吸振器系统。通过选择适当的参数 m_2、k_2，就可以在特定的工作频率上使主质量 m_1 的振幅 X_1 降为零。

主系统无阻尼的无阻尼动力吸振器系统的牛顿定律运动微分方程为

$$m_1\ddot{x}_1(t)+k_1x_1(t)+k_2[x_1(t)-x_2(t)]=F_0\sin(\omega t) \tag{4-6a}$$

$$m_2\ddot{x}_2(t)+k_2[x_2(t)-x_1(t)]=0 \tag{4-6b}$$

假设方程有谐波解为

$$x_i(t)=X_i\sin(\omega t)\quad i=1,2 \tag{4-7}$$

可以得到 $x_1(t)$ 和 $x_2(t)$ 稳态振动的振幅 X_1 和 X_2 为

$$X_1=\frac{(k_2-m_2\omega^2)F_0}{(k_1+k_2-m_1\omega^2)(k_2-m_2\omega^2)-k_2^2} \tag{4-8a}$$

$$X_2=\frac{k_2F_0}{(k_1+k_2-m_1\omega^2)(k_2-m_2\omega^2)-k_2^2} \tag{4-8b}$$

系统中增加动力吸振器的目的就是减小主质量 m_1 的振幅 X_1。为了使 m_1 的振幅 X_1 为零，式(4-8a) 的分子部分应等于零，于是得到

$$\omega^2=\frac{k_2}{m_2} \tag{4-9}$$

如果振动系统在增加动力吸振器前，在接近共振频率的情况下工作，则

$$\omega^2 \approx \omega_1^2=\frac{k_1}{m_1} \tag{4-10}$$

因此，在设计动力吸振器时，使

$$\omega^2=\frac{k_2}{m_2}=\frac{k_1}{m_1} \tag{4-11}$$

则当振动系统在它原始的共振频率 ω_1 下运行时，振幅 X_1 将会为零。

已知振动系统其他参数为

系统静变形 $\delta_{st}=\frac{F_0}{k_1}$

主系统固有角频率 $\omega_1=\left(\frac{k_1}{m_1}\right)^{1/2}$

吸振器系统固有角频率 $\omega_2=\left(\frac{k_2}{m_2}\right)^{1/2}$

则式(4-8a) 和式(4-8b) 可以重写为

$$\frac{X_1}{\delta_{st}}=\frac{1-\left(\frac{\omega}{\omega_2}\right)^2}{\left[1+\frac{k_2}{k_1}-\left(\frac{\omega}{\omega_1}\right)^2\right]\left[1-\left(\frac{\omega}{\omega_2}\right)^2\right]-\frac{k_2}{k_1}} \tag{4-12a}$$

$$\frac{X_2}{\delta_{st}}=\frac{1}{\left[1+\frac{k_2}{k_1}-\left(\frac{\omega}{\omega_1}\right)^2\right]\left[1-\left(\frac{\omega}{\omega_2}\right)^2\right]-\frac{k_2}{k_1}} \tag{4-12b}$$

图 4-4 显示了随着振动系统运行角速度 ω/ω_1 的改变，原主质量 m_1 的振幅 X_1/δ_{st} 的变化情况。两个峰值（实线）对应着两自由度系统的两个共振频率峰值。

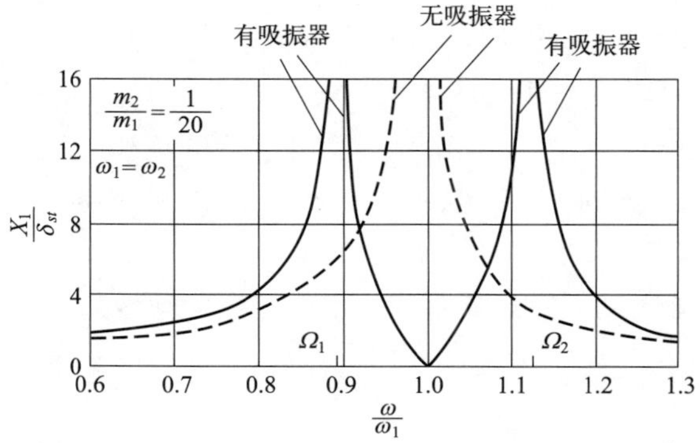

图 4-4　主系统无阻尼的无阻尼动力吸振器系统幅频特性

当 $\omega=\omega_1$ 时，$X_1=0$，即当振动系统在它原始的共振频率下运行时，振幅将会为零。

在该频率下，由式(4-12b) 可得

$$X_2=-\frac{k_1}{k_2}\delta_{st}=-\frac{F_0}{k_2} \tag{4-13}$$

这说明辅助弹簧 k_2 产生的力与激振力等值反向，即 $k_2X_2=-F_0$，两者相互抵消使 $X_1=0$，因而动力吸振器的参数可以求得

$$k_2X_2=-F_0 \tag{4-14a}$$

$$m_2\omega^2X_2=-F_0 \tag{4-14b}$$

由上式也可以得出结论，动力吸振器的弹簧刚度 k_2 和质量 m_2 的大小是由无阻尼动力吸振器的振幅 X_2 的允许值决定的。

由图 4-4 可知，动力吸振器可以在已知激励频率 ω 作用下消除无动力吸振器系统条件下主质量 m_1 的共振频率 ω_1 的峰值（即 $\omega=\omega_1$）。但是，与此同时又产生了两个有动力吸振器系统条件下新的共振频率 Ω_1 和 Ω_2。当激励频率 ω 分别等于 Ω_1 和 Ω_2 时，原主质量 m_1 的振幅 X_1 会非常大。因此，在实际应用中，工作频率 ω 必须远离新增的两个共振频率 Ω_1 和 Ω_2。

两个共振频率 Ω_1 和 Ω_2 计算公式分别为

$$\left(\frac{\Omega_1}{\omega_2}\right)^2=\frac{\left[1+\left(1+\frac{m_2}{m_1}\right)\left(\frac{\omega_2}{\omega_1}\right)^2\right]-\left\{\left[1+\left(1+\frac{m_2}{m_1}\right)\left(\frac{\omega_2}{\omega_1}\right)^2\right]^2-4\left(\frac{\omega_2}{\omega_1}\right)^2\right\}^{1/2}}{2\left(\frac{\omega_2}{\omega_1}\right)^2} \tag{4-15a}$$

$$\left(\frac{\Omega_2}{\omega_2}\right)^2=\frac{\left[1+\left(1+\frac{m_2}{m_1}\right)\left(\frac{\omega_2}{\omega_1}\right)^2\right]+\left\{\left[1+\left(1+\frac{m_2}{m_1}\right)\left(\frac{\omega_2}{\omega_1}\right)^2\right]^2-4\left(\frac{\omega_2}{\omega_1}\right)^2\right\}^{1/2}}{2\left(\frac{\omega_2}{\omega_1}\right)^2} \tag{4-15b}$$

两个共振频率 Ω_1 和 Ω_2 可以看作是关于（m_2/m_1）和（ω_2/ω_1）的函数。

4.2.2 主系统无阻尼的有阻尼动力吸振器系统理论

增加无阻尼动力吸振器后系统的共振频率增加到两个（Ω_1 和 Ω_2），且 $\Omega_1<\omega_1<\Omega_2$，当系统在启动和停车经过第一个共振频率 Ω_1 点或当系统工作速度稍微偏离原共振频率点 ω_1 时会引起非常大的振动，如图 4-4 所示。采用主系统无阻尼的有阻尼动力吸振器系统 [图 4-3(b)] 则可减小系统经过第一个共振频率 Ω_1 点或工作速度稍微偏离原共振频率点 ω_1 时的最大振幅，如图 4-5 所示。

主系统无阻尼的有阻尼动力吸振器系统的牛顿定律运动微分方程为

$$m_1\ddot{x}_1(t)+k_1x_1(t)+k_2[x_1(t)-x_2(t)]+c_2(\dot{x}_1-\dot{x}_2)=F_0\sin(\omega t) \tag{4-16a}$$

$$m_2\ddot{x}_2(t)+k_2[x_2(t)-x_1(t)]+c_2(\dot{x}_2-\dot{x}_1)=0 \tag{4-16b}$$

假设微分方程组 [式(4-16)]有谐波解，即

$$x_i(t)=X_i\sin(\omega t)\quad i=1,2 \tag{4-17}$$

将式(4-17) 代入式(4-16a)、式(4-16b)，求出稳态解的振幅为

$$X_1=\frac{(k_2-m_2\omega^2+\mathrm{j}c_2\omega)F_0}{[(k_1-m_1\omega^2)(k_2-m_2\omega^2)-m_2k_2\omega^2]+\mathrm{j}c_2\omega(k_1-m_1\omega^2-m_2\omega^2)} \tag{4-18a}$$

$$X_2=\frac{X_1(k_2+\mathrm{j}c_2\omega)}{(k_2-m_2\omega^2+\mathrm{j}c_2\omega)} \tag{4-18b}$$

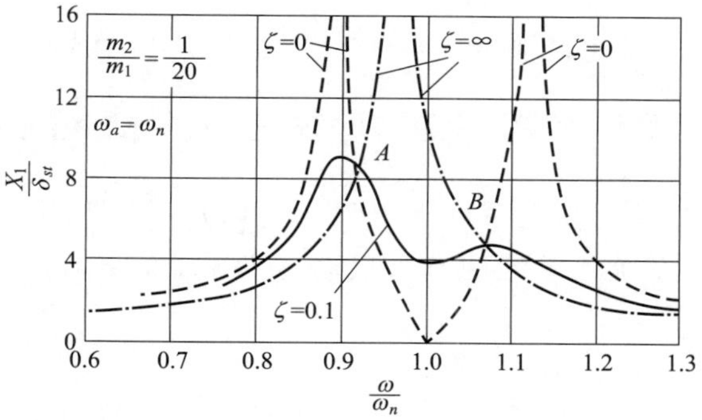

图 4-5　主系统无阻尼的有阻尼动力吸振器系统幅频特性

对式(4-18a)、式(4-18b) 进一步化简，引入以下符号。

质量比　$\mu=m_2/m_1$

系统静变形　$\delta_{st}=F_0/k_1$

吸振器固有角频率的平方　$\omega_a^2=k_2/m_2$

主系统固有角频率的平方　$\omega_n^2=k_1/m_1$

固有频率比　$f=\omega_a/\omega_n$

激励频率比　$g=\omega/\omega_n$

临界阻尼系数　$c_c=2m_2\omega_n$

阻尼比(阻尼率)　$\zeta=c_2/c_c$

将这些符号代入式(4-18a)、式(4-18b)，稳态解的振幅可以表示为

$$\frac{X_1}{\delta_{st}}=\left[\frac{(2\zeta g)^2+(g^2-f^2)^2}{(2\zeta g)^2(g^2-1+\mu g^2)^2+[\mu f^2g^2-(g^2-1)(g^2-f^2)]^2}\right]^{1/2} \tag{4-19a}$$

$$\frac{X_2}{\delta_{st}}=\left[\frac{(2\zeta g)^2+f^4}{(2\zeta g)^2(g^2-1+\mu g^2)^2+[\mu f^2g^2-(g^2-1)(g^2-f^2)]^2}\right]^{1/2} \tag{4-19b}$$

式(4-19a) 表明，主质量 m_1 的振幅 X_1 是质量比 μ、固有频率比 f、激励频率比 g 和阻尼比 ζ 的函数。图 4-5 是 $f=1$，$\mu=1/20$ 时不同 ζ 值对应的振幅 $\dfrac{X_1}{\delta_{st}}$ 与频率比 $g=\omega/\omega_n$ 之间的幅频特性曲线。

从图 4-5 可以看出，主系统无阻尼的有阻尼动力吸振器系统的存在，使主质量 m_1 的共振振幅 X_1 减小，且在有阻尼 c_2 的情况下，当工作频率 $\omega=\omega_n$ 时，并不能完全消除主质量 m_1 的振幅，而且这时主质量 m_1 的振幅 X_1 随阻尼比 ζ 的增大而增大。同时可以看到，无论阻尼比 ζ 的大小如何，所有的曲线都在 A 和 B 两点相交，A 和 B 两点称为定点。且对应

于 A 和 B 两定点的频率和振幅 $\frac{X_1}{\delta_{st}}$ 与系统阻尼比 ζ 无关。对于图中所示的曲线族（ζ 值可变，但 μ 取定值）来说，既然所有的曲线都必然通过 A 和 B 两定点，那么吸振器设计时，应该确定曲线族中最优的一条曲线对应的参数，即求得最优曲线的两个峰值（最大值）应该分别在点 A、B 达到，且峰值相等的吸振器参数。把 A 和 B 两定点的峰值调整为等高的过程称为最优同调，而使 A 和 B 两定点峰值处于曲线最大值位置的阻尼率称为最优阻尼率。

4.2.3 主系统无阻尼的有阻尼动力吸振器系统 MATLAB App 仿真

【仿真 4-2】 图 4-3（b）为主系统无阻尼的有阻尼动力吸振器系统。已知条件 $f=\omega_a/\omega_n$、ζ 和 μ。建立主系统无阻尼的有阻尼动力吸振器系统幅频特性的 MATLAB App 仿真。

（1）MATLAB App 窗口设计

主系统无阻尼的有阻尼动力吸振器系统幅频特性的 MATLAB App 仿真窗口，如图 4-6 所示。

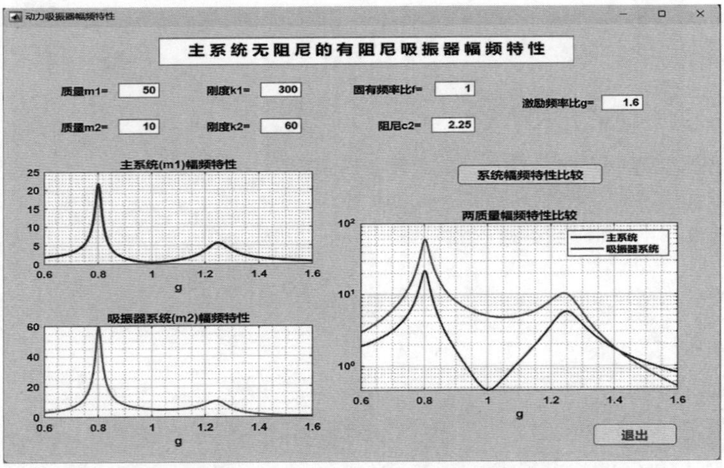

图 4-6 主系统无阻尼的有阻尼动力吸振器系统幅频特性 MATLAB App

（2）MATLAB App 窗口程序设计（appLU_Exam4_2）

① 私有属性创建：

```
properties(Access=private)
  % 私有属性具体含义见程序
  m1;m2;k1;k2;c2;zeta;mu;f;g;
end
```

②【系统幅频特性比较】回调函数：

```
app.m1=app.m1EditField.Value;                                   % m1-质量
m1=app.m1;
```

```
app.m2=app.m2EditField.Value;                                  % m2-质量
m2=app.m2;
mu=m2/m1;                                                      % mu-质量比
app.k1=app.k1EditField.Value;                                  % k1-刚度
k1=app.k1;
app.k2=app.k2EditField.Value;                                  % k2-刚度
k2=app.k2;
app.c2=app.c2EditField.Value;                                  % c2-阻尼系数
c2=app.c2;
cc=2*m2*sqrt(k1/m1);                                           % cc-临界阻尼系数
zeta=c2/cc;                                                    % zeta-阻尼率
app.f=app.fEditField.Value;                                    % f-私有属性
f=app.f;
app.g=app.gEditField.Value;                                    % g-私有属性
g=app.g;
g=0.6 : 0.001 : g;                                             % 激励频率比范围
tzg2=(2.*zeta.*g).^2 ;
g2_f2_2=(g.^2-f.^2).^2 ;
g2_1mug2_2=(g.^2-1+mu.*g.^2).^2 ;
muf2g2=mu.*f.^2*g.^2 ;
g2_1=g.^2-1 ;
g2_f2=g.^2-f.^2 ;
x1r =sqrt((tzg2+g2_f2_2)./(tzg2.*g2_1mug2_2+(muf2g2-g2_1.*g2_f2).^2));
                                                               % 主质量振幅
x2r =sqrt((tzg2+f.^4)./(tzg2.*g2_1mug2_2+(muf2g2-g2_1.*g2_f2).^2));
                                                               % 吸振器振幅
cla(app.UIAxes);cla(app.UIAxes_2)                              % 清除原图形
plot(app.UIAxes,g,x1r,'b','linewidth',2)                       % m1 振幅曲线
xlabel(app.UIAxes,'g');title(app.UIAxes,'主系统(m1)幅频特性')
plot(app.UIAxes_2,g,x2r,'m','linewidth',1.5)                   % m2 振幅曲线
xlabel(app.UIAxes_2,'g');title(app.UIAxes_2,'吸振器系统(m2)幅频特性')
% m1 和 m2 两幅值比较图
semilogy(app.UIAxes_3,g,x1r,'b',g,x2r,'r','linewidth',1.5)
xlabel(app.UIAxes_3,'g');
title(app.UIAxes_3,'两质量幅频特性比较')
legend(app.UIAxes_3,'主系统','吸振器系统')
```

③【退出】回调函数：

```
sel=questdlg('确认关闭应用程序？','关闭确认,','Yes','No','No');
switch sel
case'Yes'
```

```
delete(app)
case'No'
end
```

4.2.4 主系统有阻尼的有阻尼动力吸振器系统理论

主系统的阻尼可以忽略不计是一种理想状况，在实际的振动系统中，主系统都有一定的阻尼，而且对动力吸振器的吸振效果有重要影响。主系统有阻尼的有阻尼动力吸振器系统模型如图 4-3(c) 所示。

主系统有阻尼的有阻尼动力吸振器系统的牛顿定律矩阵微分方程为

$$\begin{bmatrix} m_1 & 0 \\ 0 & m_2 \end{bmatrix}\begin{bmatrix} \ddot{x}_1(t) \\ \ddot{x}_2(t) \end{bmatrix}+\begin{bmatrix} c_1+c_2 & -c_2 \\ -c_2 & c_2 \end{bmatrix}\begin{bmatrix} \dot{x}_1(t) \\ \dot{x}_2(t) \end{bmatrix}+\begin{bmatrix} k_1+k_2 & -k_2 \\ -k_2 & k_2 \end{bmatrix}\begin{bmatrix} x_1(t) \\ x_2(t) \end{bmatrix}=\begin{bmatrix} F_0 \\ 0 \end{bmatrix}\exp(\omega t) \tag{4-20}$$

系统的两个稳态响应可以表示为

$$\begin{bmatrix} x_1(t) \\ x_2(t) \end{bmatrix}=\begin{bmatrix} X_1(\mathrm{j}\omega) \\ X_2(\mathrm{j}\omega) \end{bmatrix}\exp(\omega t) \tag{4-21}$$

式中，$X_1(\mathrm{j}\omega)$ 和 $X_2(\mathrm{j}\omega)$ 分别为主系统 m_1 和吸振器 m_2 的位移复幅值。

把式(4-21) 代入式(4-20)，整理后可得

$$\begin{bmatrix} X_1(\mathrm{j}\omega) \\ X_2(\mathrm{j}\omega) \end{bmatrix}=\left[\begin{bmatrix} k_1+k_2 & -k_2 \\ -k_2 & k_2 \end{bmatrix}-\omega^2\begin{bmatrix} m_1 & 0 \\ 0 & m_2 \end{bmatrix}+\mathrm{j}\omega\begin{bmatrix} c_1+c_2 & -c_2 \\ -c_2 & c_2 \end{bmatrix}\right]^{-1}\begin{bmatrix} F_0 \\ 0 \end{bmatrix}\exp(\omega t) \tag{4-22}$$

由式(4-22) 可以求得复幅值为

$$X_1(\mathrm{j}\omega)/F_0=\frac{k_2-m_2\omega^2+\mathrm{j}\omega c_2}{[m_1m_2\omega^4-(m_1k_2+m_2k_1+m_2k_2+c_1c_2)\omega^2+k_1k_2]+\mathrm{j}\{-[m_1c_2+m_2(c_1+c_2)]\omega^3+(c_2k_1+c_1k_2)\omega\}} \tag{4-23a}$$

$$X_2(\mathrm{j}\omega)=\frac{k_2+\mathrm{j}\omega c_2}{[m_1m_2\omega^4-(m_1k_2+m_2k_1+m_2k_2+c_1c_2)\omega^2+k_1k_2]+\mathrm{j}\{-[m_1c_2+m_2(c_1+c_2)]\omega^3+(c_2k_1+c_1k_2)\omega\}} \tag{4-23b}$$

将主系统复振幅 $X_1(\mathrm{j}\omega)/F_0$ 表示为实振幅 $X_1(\omega)/F_0$ 的结果如下：

$$X_1(\omega)/F_0=\sqrt{\left(-\frac{m_2}{k_2}\omega^2+1\right)^2+\left(\frac{c_2}{k_2}\omega\right)^2}\Big/\sqrt{\Delta_1(\omega)} \tag{4-24a}$$

$$\begin{aligned}\Delta_1(\omega)=&\left[\frac{m_1m_2}{k_1k_2}\omega^4-\left(\frac{m_1}{k_1}+\frac{m_2}{k_2}+\frac{m_2}{k_1}+\frac{c_1c_2}{k_1k_2}\right)\omega^2+1\right]^2\\&+\left\{-\left[\frac{m_1}{k_2}+\frac{m_2(c_1/c_2+1)}{k_1}\right]\omega^3+\left(1+\frac{c_1k_2}{k_1c_2}\right)\right\}^2\left(\frac{c_2}{k_2}\omega\right)^2\end{aligned} \tag{4-24b}$$

4.2.5 主系统有阻尼的有阻尼动力吸振器系统 MATLAB App 仿真

【仿真 4-3】 如图 4-3(c) 主系统有阻尼的有阻尼动力吸振器系统，已知 m_1、m_2、k_1、k_2、c_1、c_2。建立主系统有阻尼的无阻尼动力吸振器和有阻尼动力吸振器系统的幅频特性比较的 MATLAB App 仿真。

（1）MATLAB App 窗口设计

主系统有阻尼的有、无阻尼动力吸振器幅频特性比较 MATLAB App 仿真窗口，如图 4-7 所示。

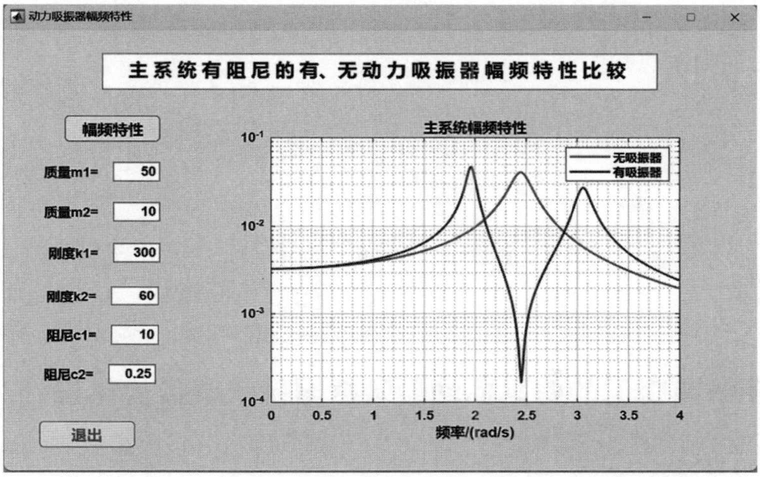

图 4-7 主系统有阻尼的有、无阻尼动力吸振器系统幅频特性比较 MATLAB App 仿真

（2）MATLAB App 窗口程序设计（appLU_Exam4_3）

①【幅频特性】回调函数：

```
cla(app.UIAxes)
m1=app.m1EditField.Value;                    % m1-质量
m2=app.m2EditField.Value;                    % m2-质量
k1=app.k1EditField.Value;                    % k1-刚度
k2=app.k2EditField.Value;                    % k2-刚度
c1=app.c1EditField.Value;                    % c1-阻尼系数
c2=app.c2EditField.Value;                    % c2-阻尼系数
m=[m1,m2];k=[k1,k2];c=[c1,c2];               % 质量、刚度、阻尼矩阵
omega=linspace(0,4,300);                     % 角频率研究范围
sys=tf([1],[m(1)c(1)k(1)]);                  % 单自由度传递函数
[mag phas]=bode(sys,omega);                  % bode 函数
sys=Transferab(m,k,c);                       % 两自由度系统
[mag1,phas1]=bode(sys,omega);                % bode 函数
```

```
semilogy(app.UIAxes,omega,mag1(1,:),'r',omega,mag1(1,:),'b','linewidth',1.5)
xlabel(app.UIAxes,'频率(rad/s)');title(app.UIAxes,'主系统幅频特性')
legend(app.UIAxes,'无吸振器','有吸振器')
% 子函数-建立传递函数
function sys=Transferab(m,k,c)
N={[m(2)c(2)k(2)];[c(2)k(2)]};
D=[m(1)*m(2),((c(1)+c(2))*m(2)+c(2)*m(1)),...
   ((k(1)+k(2))*m(2)+k(2)*m(1)+c(1)*c(2)),...
   (k(1)*c(2)+c(1)*k(2)),k(1)*k(2)];
sys=tf(N,D);
end
```

②【退出】回调函数：

```
sel=questdlg('确认关闭窗口？','关闭确认,','Yes','No','No');
switch sel
case'Yes'
delete(app)
case'No'
end
```

4.2.6 主系统有阻尼的有阻尼动力吸振器系统参数优化设计

（1）动力吸振器数学模型

以图 4-3(c) 主系统有阻尼的有阻尼动力吸振器系统模型为例，介绍动力吸振器设计。由第 2 章中式(2-50)～式(2-52) 可知动力吸振器传递函数为

$$\frac{X_1(s)}{F(s)}=\frac{m_2s^2+c_2s+k_2}{D(s)}$$

$$\frac{X_2(s)}{F(s)}=\frac{c_2s+k_2}{D(s)}$$

$$D(s)=m_1m_2s^4+[(c_1+c_2)m_2+c_2m_1]s^3+[(k_1+k_2)m_2+k_2m_1+c_1c_2]s^2+(k_1c_2+k_2c_1)s+k_1k_2$$

主系统频率响应函数 $G_{11}(\mathrm{j}\Omega)$ 和幅频特性函数 $H_{11}(\Omega)$ 分别为

$$G_{11}(\mathrm{j}\Omega)=\frac{X_1(\mathrm{j}\Omega)}{F(\mathrm{j}\Omega)} \tag{4-25a}$$

$$H_{11}(\Omega)=|G_{11}(\mathrm{j}\Omega)| \tag{4-25b}$$

式中

$$\Omega=\frac{\omega}{\omega_n}\ ;\omega_{ni}=\sqrt{\frac{k_i}{m_i}}\quad i=1,2$$

引入参数

$$m_r=\frac{m_2}{m_1};\omega_r=\frac{\omega_{n2}}{\omega_{n1}}=\frac{1}{\sqrt{m_r}}\sqrt{\frac{k_2}{k_1}};\zeta_i=\frac{c_i}{2m_i\omega_{ni}}$$

将上述参数代入式(4-25b)，可以得到主系统的幅频特性为

$$H_{11}(\Omega)=\left|\frac{E_2(\mathrm{j}\Omega)}{k_1D_2(\mathrm{j}\Omega)}\right| \tag{4-26}$$

式中

$$E_2(\mathrm{j}\Omega)=-\Omega^2+2\mathrm{j}\zeta_2\omega_r\Omega+\omega_r^2 \tag{4-27a}$$

$$\begin{aligned}D_2(\mathrm{j}\Omega)=&\Omega^4-\mathrm{j}(2\zeta_1+2\zeta_2\omega_r m_r+2\zeta_2\omega_r)\Omega^3-(1+m_r\omega_r^2+\omega_r^2\\&+4\zeta_1\zeta_2\omega_r)\Omega^2+\mathrm{j}(2\zeta_2\omega_r+2\zeta_1\omega_r^2)\Omega+\omega_r^2\end{aligned} \tag{4-27b}$$

主系统有阻尼的有阻尼动力吸振器系统的主质量幅频特性曲线 $H_{11}(\Omega)$ 如图 4-8 所示。

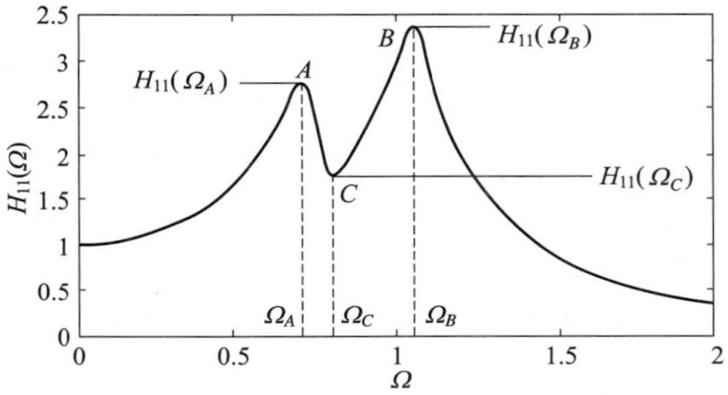

图 4-8　主系统有阻尼的有阻尼动力吸振器幅频特性

设计的目标就是找到动力吸振器的一组最优参数，形成一个包括 $\Omega=1$ 的操作区域，使得在该区域内主质量 m_1 的振幅随频率的变化最小。注意，当主振动系统有阻尼 ζ_1 时，有阻尼动力吸振器的阻尼 ζ_2 从零开始至阻尼为无穷大变化时的响应曲线交点并不是定点，且最优阻尼响应曲线也不经过这两点。因此，最优目标就是找到合适的动力吸振器参数使图 4-8 中 A 点峰值 $H_{11}(\Omega_A)$ 和 B 点峰值 $H_{11}(\Omega_B)$ 相等且尽可能小，同时 A 点和 B 点之间的 C 点峰值 $H_{11}(\Omega_C)$ 尽可能接近 $H_{11}(\Omega_A)$ 和 $H_{11}(\Omega_B)$ 的值。即找到 ζ_2 和 ω_r 同时满足使主系统如下三个极大值最小化的参数 $\zeta_{2,\mathrm{opt}}$ 和 $\omega_{r,\mathrm{opt}}$。即令

$$\min_{\omega_r,\zeta_2}|H_{11}(\Omega_A)| \tag{4-28a}$$

$$\min_{\omega_r,\zeta_2}|H_{11}(\Omega_B)| \tag{4-28b}$$

$$\min_{\omega_r,\zeta_2}|1/H_{11}(\Omega_C)| \tag{4-28c}$$

使得

$$\begin{cases}\omega_r>0\\\zeta_2>0\end{cases} \tag{4-28d}$$

一般情况下选择阻尼率 ζ_2 不变、质量比 m_r 变化的一组参数，如果条件允许，也可以选择 m_r 不变、ζ_2 变化的一组参数来求解最优参数 $\zeta_{2,\mathrm{opt}}$、$\omega_{r,\mathrm{opt}}$。

（2）建立 MATLAB 数值解子函数

① 子函数-寻优计算：

```
function[z,xx]=objfun2doflinconstr(x,mr,z1)
wr=x(1);z2=x(2);
opt=optimset('Display','off');
a1=1+(1+mr)*wr^2;a2=wr^2;
O1=sqrt(0.5*(a1-sqrt(a1^2-4*a2)));                            % 寻优起始点
O2=sqrt(0.5*(a1+sqrt(a1^2-4*a2)));                            % 寻优起始点
% fminsearch 优化函数
[x1,f1]=fminsearch(@Min2dof,O1,opt,wr,mr,z1,z2);
% fminsearch 优化函数
[x2,f2]=fminsearch(@Min2dof,O2,opt,wr,mr,z1,z2);
% fminsearch 优化函数
[x3,z(3)]=fminsearch(@Hal,(O2+O1)/2,opt,wr,mr,z1,z2);
z(1)=1/f1;z(2)=1/f2;
xx=[x1 x2 x3];
end
```

② 子函数-计算 D2 和 E2 子程序：

```
function h=Hal(Om,wr,mr,z1,z2)
realpart=Om.^4-(1+mr*wr^2+wr^2+4*z1*z2*wr)*Om.^2+wr^2;
imagpart=-2*(z1+z2*wr*mr+z2*wr)*Om.^3+2*(z2*wr+z1*wr^2)*Om;
nrealpart=wr^2-Om.^2;
nimagpart=2*z2*wr*Om;
h=sqrt(nrealpart.^2+nimagpart.^2)./sqrt(realpart.^2+imagpart.^2);
end
```

③ 子函数-两自由度系统：

```
function m=Min2dof(Om,wr,mr,z1,z2)
m=1./Hal(Om,wr,mr,z1,z2);
end
```

4.2.7 主系统有阻尼的有阻尼动力吸振器系统参数优化 MATLAB App 仿真

【仿真 4-4】 如图 4-3(c) 主系统有阻尼的有阻尼动力吸振器系统，已知 m_{r1}、m_{r2}、m_{r3}、m_{r4} 和 ζ。建立主系统有阻尼的有阻尼动力吸振器系统参数优化设计的 MATLAB App 仿真。

（1）MATLAB App 窗口设计

主系统有阻尼的有阻尼动力吸振器系统参数优化设计的 MATLAB App 仿真窗口，如

图 4-9 所示。

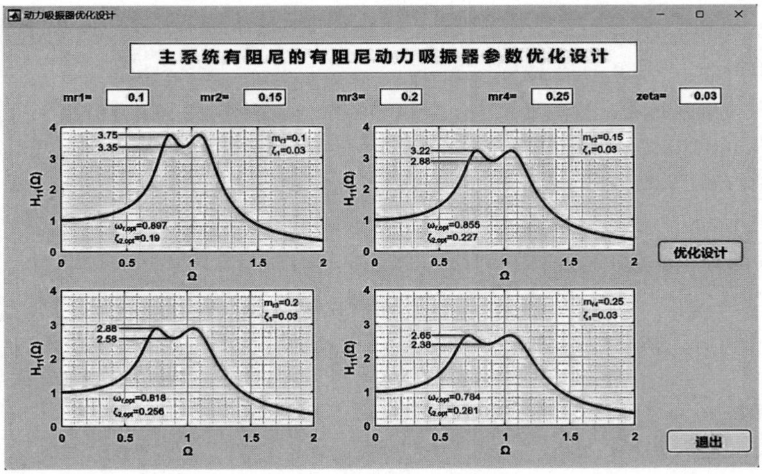

图 4-9 主系统有阻尼的有阻尼动力吸振器系统参数优化设计（m_r 变化）MATLAB App 仿真

（2）MATLAB App 窗口程序设计（appLU_Exam4_4）

①【优化设计】回调函数：

```
cla(app.UIAxes);cla(app.UIAxes_2);
cla(app.UIAxes_3);cla(app.UIAxes_4)
%设计不同的质量比下吸振器效果
mr1=app.m2m1EditField.Value;                    % mr1
mr2=app.m2m1EditField_2.Value;                  % mr2
mr3=app.m2m1EditField_3.Value;                  % mr3
mr4=app.m2m1EditField_4.Value;                  % mr4
z1=app.z1EditField.Value;                       % z1-阻尼率
OM=linspace(0,2,100);                           % Omega 画图范围
Lbnd=[0.1,0];                                   % fminimax 设定值
Ubnd=[2,1];                                     % fminimax 设定值
xo=[0.8,0.35];                                  % 计算的起始点
opt=optimset('Display','off');                  % fminimax 设定值
mr=[mr1,mr2,mr3,mr4];                           % 质量比变化矩阵
z1=[z1,z1,z1,z1];                               % 阻尼率为定值
for k=1:4
% 求极值
[xopt,fopt]=fminimax(@ objfun2doflinconstr,xo,[],[],[],[],Lbnd,Ubnd,[],opt,mr(k),
z1(k));
[z,xx]=objfun2doflinconstr([xopt(1),xopt(2)],mr(k),z1(k));
h=Hal(OM,xopt(1),mr(k),z1(k),xopt(2));
ax=[0 2 0 4];
```

```
% 分别画出四个比较图形
if k==1
line(app.UIAxes,OM,h,'linewidth',2,'color','b')
axis(app.UIAxes,[0 2 0 4])
text(app.UIAxes,0.2*ax(2),0.3*ax(4),['\omega_{r,opt}='num2str(xopt(1),3)])
text(app.UIAxes,0.2*ax(2),0.2*ax(4),['\zeta_{2,opt}='num2str(xopt(2),3)])
text(app.UIAxes,1.6,0.65*ax(4),['m_r='num2str(mr(k))])
text(app.UIAxes,1.6,0.8*ax(4),['\zeta_1='num2str(z1(k))])
xlabel(app.UIAxes,'\Omega');ylabel(app.UIAxes,'H_{11}(\Omega)')
% 在图上画横线和标注数字
line(app.UIAxes,[xx(1),0.2*ax(2)],[fopt(1),fopt(1)],'linewidth',0.7,'color','r')
                                                                    % 横线
text(app.UIAxes,0.14*ax(2),fopt(1),num2str(fopt(1),3))
line(app.UIAxes,[xx(3),0.2*ax(2)],[fopt(3),fopt(3)],'linewidth',0.7,'color','r')
                                                                    % 横线
text(app.UIAxes,0.14*ax(2),fopt(3),num2str(fopt(3),3))
elseif k==2
axis(app.UIAxes_2,[0 2 0 4]);line(app.UIAxes_2,OM,h,'linewidth',2,'color','b')
text(app.UIAxes_2,0.2*ax(2),0.3*ax(4),['\omega_{r,opt}='num2str(xopt(1),3)])
text(app.UIAxes_2,0.2*ax(2),0.2*ax(4),['\zeta_{2,opt}='num2str(xopt(2),3)])
text(app.UIAxes_2,1.6,0.65*ax(4),['m_r='num2str(mr(k))])
xlabel(app.UIAxes_2,'\Omega');ylabel(app.UIAxes_2,'H_{11}(\Omega)')
% 在图上画横线和标注数字
line(app.UIAxes_2,[xx(1),0.2*ax(2)],[fopt(1),fopt(1)],'linewidth',0.7,'color','r')
                                                                    % 横线
text(app.UIAxes_2,0.14*ax(2),fopt(1),num2str(fopt(1),3))
line(app.UIAxes_2,[xx(3),0.2*ax(2)],[fopt(3),fopt(3)],'linewidth',0.7,'color','r')
                                                                    % 横线
text(app.UIAxes_2,0.14*ax(2),fopt(3),num2str(fopt(3),3))
elseif k==3
axis(app.UIAxes_3,[0 2 0 4]);line(app.UIAxes_3,OM,h,'linewidth',2,'color','b')
text(app.UIAxes_3,0.2*ax(2),0.3*ax(4),['\omega_{r,opt}='num2str(xopt(1),3)])
text(app.UIAxes_3,0.2*ax(2),0.2*ax(4),['\zeta_{2,opt}='num2str(xopt(2),3)])
text(app.UIAxes_3,1.6,0.65*ax(4),['m_r='num2str(mr(k))])
xlabel(app.UIAxes_3,'\Omega');ylabel(app.UIAxes_3,'H_{11}(\Omega)')
% 在图上画横线和标注数字
line(app.UIAxes_3,[xx(1),0.2*ax(2)],[fopt(1),fopt(1)],'linewidth',0.7,'color','r')
                                                                    % 横线
text(app.UIAxes_3,0.14*ax(2),fopt(1),num2str(fopt(1),3))
line(app.UIAxes_3,[xx(3),0.2*ax(2)],[fopt(3),fopt(3)],'linewidth',0.7,'color','r')
                                                                    % 横线
```

```
text(app.UIAxes_3,0.14*ax(2),fopt(3),num2str(fopt(3),3))
else
axis(app.UIAxes_4,[0 2 0 4]);line(app.UIAxes_4,OM,h,'linewidth',2,'color','b')
text(app.UIAxes_4,0.2*ax(2),0.3*ax(4),['\omega_{r,opt}='num2str(xopt(1),3)])
text(app.UIAxes_4,0.2*ax(2),0.2*ax(4),['\zeta_{2,opt}='num2str(xopt(2),3)])
text(app.UIAxes_4,1.6,0.65*ax(4),['m_r='num2str(mr(k))])
xlabel(app.UIAxes_4,'\Omega');ylabel(app.UIAxes_4,'H_{11}(\Omega)')
% 在图上画横线和标注数字
line(app.UIAxes_4,[xx(1),0.2*ax(2)],[fopt(1),fopt(1)],'linewidth',0.7,'color','r')
                                                                    % 横线
text(app.UIAxes_4,0.14*ax(2),fopt(1),num2str(fopt(1),3))
line(app.UIAxes_4,[xx(3),0.2*ax(2)],[fopt(3),fopt(3)],'linewidth',0.7,'color','r')
                                                                    % 横线
text(app.UIAxes_4,0.14*ax(2),fopt(3),num2str(fopt(3),3))
end;end
% 子函数-寻优计算
function[z,xx]=objfun2doflinconstr(x,mr,z1)
wr=x(1);z2=x(2);
opt=optimset('Display','off');
a1=1+(1+mr)*wr^2;a2=wr^2;
O1=sqrt(0.5*(a1-sqrt(a1^2-4*a2)));O2=sqrt(0.5*(a1+sqrt(a1^2-4*a2)));
                                                                    % 寻优起始点
% fminsearch 优化函数
[x1,f1]=fminsearch(@Min2dof,O1,opt,wr,mr,z1,z2);
% fminsearch 优化函数
[x2,f2]=fminsearch(@Min2dof,O2,opt,wr,mr,z1,z2);
% fminsearch 优化函数
[x3,z(3)]=fminsearch(@Hal,(O2+O1)/2,opt,wr,mr,z1,z2);
z(1)=1/f1;z(2)=1/f2;
xx=[x1 x2 x3];
end
% 子函数-计算 D2 和 E2 子程序
function h=Hal(Om,wr,mr,z1,z2)
realpart=Om.^4-(1+mr*wr^2+wr^2+4*z1*z2*wr)*Om.^2+wr^2;
imagpart=-2*(z1+z2*wr*mr+z2*wr)*Om.^3+2*(z2*wr+z1*wr^2)*Om;
nrealpart=wr^2-Om.^2;
nimagpart=2*z2*wr*Om;
h=sqrt(nrealpart.^2+nimagpart.^2)./sqrt(realpart.^2+imagpart.^2);
end
% 子函数-2 自由度系统
```

```
function m=Min2dof(Om,wr,mr,z1,z2)
m=1./Hal(Om,wr,mr,z1,z2);
end
```

②【退出】回调函数：

```
sel=questdlg('确认关闭窗口？','关闭确认,','Yes','No','No');
switch sel
case'Yes'
delete(app)
case'No'
end
```

【仿真 4-5】 如图 4-3(c) 主系统有阻尼的有阻尼动力吸振器系统，已知 ζ_{21}、ζ_{22}、ζ_{23}、ζ_{24} 和 m_r。建立该动力吸振器优化系统参数优化设计的 MATLAB App 仿真。

(1) MATLAB App 窗口设计

主系统有阻尼的有阻尼动力吸振器系统参数优化设计的 MATLAB App 仿真窗口，如图 4-10 所示。

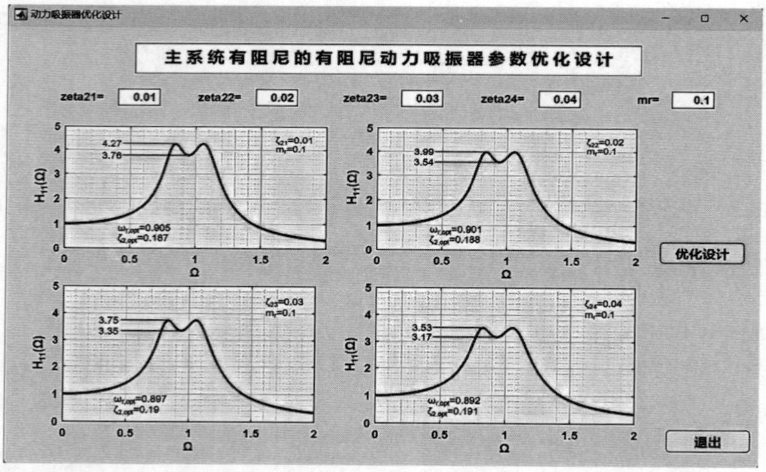

图 4-10 主系统有阻尼的有阻尼动力吸振器系统参数优化设计（ζ_2 变化）MATLAB App 仿真

(2) MATLAB App 窗口程序设计 (appLU_Exam4_5)

①【优化设计】回调函数：

```
cla(app.UIAxes);cla(app.UIAxes_2);cla(app.UIAxes_3);cla(app.UIAxes_4)
% 研究不同的阻尼率下减振效果
zeta1=app.zeta1EditField.Value;                    % zeta1
zeta2=app.zeta2EditField.Value;                    % zeta2
zeta3=app.zeta3EditField.Value;                    % zeta3
zeta4=app.zeta4EditField.Value;                    % zeta4
```

```
mu=app.mrEditField.Value;                                    % 质量比
OM=linspace(0,2,100);                                        % Omega 范围
Lbnd=[0.1,0];                                                % fminimax 设定值
Ubnd=[2,1];                                                  % fminimax 设定值
xo=[0.8,0.35];                                               % 计算的起始点
opt=optimset('Display','off');                               % fminimax 设定值
mr=[mu,mu,mu,mu];                                            % 质量比为定值
z1=[zeta1,zeta2,zeta3,zeta4];                                % 阻尼率变化

for k=1:4
% 求极值
[xopt,fopt]=fminimax(@ objfun2doflinconstr,xo,[],[],[],[],Lbnd,Ubnd,[],opt,mr(k),
z1(k));
[z,xx]=objfun2doflinconstr([xopt(1),xopt(2)],mr(k),z1(k));
h=Hal(OM,xopt(1),mr(k),z1(k),xopt(2));
ax=[0 2 0 4];
% 分别画出四个比较图形
if k==1
line(app.UIAxes,OM,h,'linewidth',2,'color','b')
axis(app.UIAxes,[0 2 0 5])
text(app.UIAxes,0.2*ax(2),0.2*ax(4),['\omega_{r,opt}='num2str(xopt(1),3)])
text(app.UIAxes,0.2*ax(2),0.1*ax(4),['\zeta_{2,opt}='num2str(xopt(2),3)])
text(app.UIAxes,1.6,1.1*ax(4),['\zeta_{21}='num2str(z1(k))])
text(app.UIAxes,1.6,1.0*ax(4),['m_r='num2str(mr(k))])
xlabel(app.UIAxes,'\Omega');ylabel(app.UIAxes,'H_{11}(\Omega)')
% 在图上画横线和标注数字
line(app.UIAxes,[xx(1),0.22*ax(2)],[fopt(1),fopt(1)],'linewidth',0.7,'color','r')
                                                             % 横线
text(app.UIAxes,0.14*ax(2),fopt(1),num2str(fopt(1),3))
line(app.UIAxes,[xx(3),0.22*ax(2)],[fopt(3),fopt(3)],'linewidth',0.7,'color','r')
                                                             % 横线
text(app.UIAxes,0.14*ax(2),fopt(3),num2str(fopt(3),3))
elseif k==2
axis(app.UIAxes_2,[0 2 0 5]);line(app.UIAxes_2,OM,h,'linewidth',2,'color','b')
text(app.UIAxes_2,0.2*ax(2),0.2*ax(4),['\omega_{r,opt}='num2str(xopt(1),3)])
text(app.UIAxes_2,0.2*ax(2),0.1*ax(4),['\zeta_{2,opt}='num2str(xopt(2),3)])
text(app.UIAxes_2,1.6,1.1*ax(4),['\zeta_{22}='num2str(z1(k))])
xlabel(app.UIAxes_2,'\Omega');ylabel(app.UIAxes_2,'H_{11}(\Omega)')
% 在图上画横线和标注数字
line(app.UIAxes_2,[xx(1),0.22*ax(2)],[fopt(1),fopt(1)],'linewidth',0.7,'color','r')
                                                             % 横线
```

```
text(app.UIAxes_2,0.14*ax(2),fopt(1),num2str(fopt(1),3))
line(app.UIAxes_2,[xx(3),0.22*ax(2)],[fopt(3),fopt(3)],'linewidth',0.7,'color','r')
                                                                          % 横线
text(app.UIAxes_2,0.14*ax(2),fopt(3),num2str(fopt(3),3))
elseif k==3
line(app.UIAxes_3,OM,h,'linewidth',2,'color','b');axis(app.UIAxes_3,[0 2 0 5])
text(app.UIAxes_3,0.2*ax(2),0.2*ax(4),['\omega_{r,opt}='num2str(xopt(1),3)])
text(app.UIAxes_3,0.2*ax(2),0.1*ax(4),['\zeta_{2,opt}='num2str(xopt(2),3)])
text(app.UIAxes_3,1.6,1.1*ax(4),['\zeta_{23}='num2str(z1(k))])
xlabel(app.UIAxes_3,'\Omega');ylabel(app.UIAxes_3,'H_{11}(\Omega)')
% 在图上画横线和标注数字
line(app.UIAxes_3,[xx(1),0.23*ax(2)],[fopt(1),fopt(1)],'linewidth',0.7,'color','r')
                                                                          % 横线
text(app.UIAxes_3,0.14*ax(2),fopt(1),num2str(fopt(1),3))
line(app.UIAxes_3,[xx(3),0.23*ax(2)],[fopt(3),fopt(3)],'linewidth',0.7,'color','r')
                                                                          % 横线
text(app.UIAxes_3,0.14*ax(2),fopt(3),num2str(fopt(3),3))
else
line(app.UIAxes_4,OM,h,'linewidth',2,'color','b');axis(app.UIAxes_4,[0 2 0 5])
text(app.UIAxes_4,0.2*ax(2),0.2*ax(4),['\omega_{r,opt}='num2str(xopt(1),3)])
text(app.UIAxes_4,0.2*ax(2),0.1*ax(4),['\zeta_{2,opt}='num2str(xopt(2),3)])
text(app.UIAxes_4,1.6,1.1*ax(4),['\zeta_{24}='num2str(z1(k))])
xlabel(app.UIAxes_4,'\Omega');ylabel(app.UIAxes_4,'H_{11}(\Omega)')
% 在图上画横线和标注数字
line(app.UIAxes_4,[xx(1),0.22*ax(2)],[fopt(1),fopt(1)],'linewidth',0.7,'color','r')
                                                                          % 横线
text(app.UIAxes_4,0.14*ax(2),fopt(1),num2str(fopt(1),3))
line(app.UIAxes_4,[xx(3),0.22*ax(2)],[fopt(3),fopt(3)],'linewidth',0.7,'color','r')
                                                                          % 横线
text(app.UIAxes_4,0.14*ax(2),fopt(3),num2str(fopt(3),3))
end;end
% 子函数-寻优计算
function[z,xx]=objfun2doflinconstr(x,mr,z1)
wr=x(1);z2=x(2);
opt=optimset('Display','off');
a1=1+(1+mr)*wr^2;a2=wr^2;
% 寻优起始点
O1=sqrt(0.5*(a1-sqrt(a1^2-4*a2)));O2=sqrt(0.5*(a1+sqrt(a1^2-4*a2)));
% fminsearch 优化函数
[x1,f1]=fminsearch(@Min2dof,O1,opt,wr,mr,z1,z2);
```

```
% fminsearch 优化函数
[x2,f2]=fminsearch(@ Min2dof,O2,opt,wr,mr,z1,z2);
% fminsearch 优化函数
[x3,z(3)]=fminsearch(@ Hal,(O2+O1)/2,opt,wr,mr,z1,z2);
z(1)=1/f1;z(2)=1/f2;
xx=[x1 x2 x3];
end
% 子函数-计算 D2 和 E2 子程序
function h=Hal(Om,wr,mr,z1,z2)
realpart=Om.^4-(1+mr * wr^2+wr^2+4 * z1 * z2 * wr) * Om.^2+wr^2;
imagpart=-2 * (z1+z2 * wr * mr+z2 * wr) * Om.^3+2 * (z2 * wr+z1 * wr^2) * Om;
nrealpart=wr^2-Om.^2;
nimagpart=2 * z2 * wr * Om;
h=sqrt(nrealpart.^2+nimagpart.^2)./sqrt(realpart.^2+imagpart.^2);
end
% 子函数-2 自由度系统
function m=Min2dof(Om,wr,mr,z1,z2)
m=1./Hal(Om,wr,mr,z1,z2);
end
```

②【退出】回调函数：

```
sel=questdlg('确认关闭窗口? ','关闭确认,','Yes','No','No');
switch sel
case'Yes'
delete(app)
case'No'
end
```

4.2.8 三自由度线性动力吸振器系统优化设计理论

（1）多自由度线性动力吸振器系统设计步骤

① 通过模态分析对振动系统的模态进行分析。选择需要控制的 r 个模态并设置动力吸振器的最佳位置。

② 在各个位置上利用等效质量识别方法建立 r 个单自由度线性振动系统模型。

③ 假设各个动力吸振器之间没有耦合。

④ 针对 r 个单自由度线性振动系统模型，设计各个动力吸振器。

（2）三自由度线性振动系统动力学微分方程

如图 4-11 所示为三自由度线性振动系统简图，其牛顿定律矩阵微分方程为

$$\boldsymbol{M}\ddot{\boldsymbol{x}}(t)+\boldsymbol{C}\dot{\boldsymbol{x}}(t)+\boldsymbol{K}\boldsymbol{x}(t)=\boldsymbol{F}(t) \tag{4-29}$$

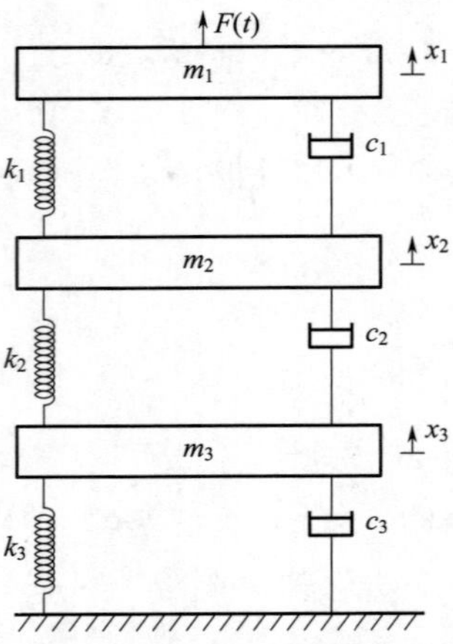

图 4-11　三自由度线性振动系统简图

其中，质量矩阵 $\boldsymbol{M}$、阻尼矩阵 $\boldsymbol{C}$、刚度矩阵 $\boldsymbol{K}$、位移向量 $\boldsymbol{x}(t)$、激振力向量 $\boldsymbol{F}(t)$ 为

质量矩阵
$$\boldsymbol{M}=\begin{bmatrix} m_1 & 0 & 0 \\ 0 & m_2 & 0 \\ 0 & 0 & m_3 \end{bmatrix}$$

阻尼矩阵
$$\boldsymbol{C}=\begin{bmatrix} c_1 & -c_1 & 0 \\ -c_1 & c_1+c_2 & -c_2 \\ 0 & -c_2 & c_2+c_3 \end{bmatrix}$$

刚度矩阵
$$\boldsymbol{K}=\begin{bmatrix} k_1 & -k_1 & 0 \\ -k_1 & k_1+k_2 & -k_2 \\ 0 & -k_2 & k_2+k_3 \end{bmatrix}$$

位移向量
$$\boldsymbol{x}=[x_1 \quad x_2 \quad x_3]^{\mathrm{T}}$$

激振力向量
$$\boldsymbol{F}=[F(t) \quad 0 \quad 0]^{\mathrm{T}}$$

（3）三自由度线性振动系统模态矩阵

由模态向量构成的模态矩阵为

$$\boldsymbol{X}=\begin{bmatrix} X_{11} & X_{12} & X_{13} \\ X_{21} & X_{22} & X_{23} \\ X_{31} & X_{32} & X_{33} \end{bmatrix} \tag{4-30}$$

（4）三自由度线性振动系统三模态的传递函数

① 模态质量矩阵$\boldsymbol{M}_r$：

$$\boldsymbol{M}_r=\boldsymbol{X}^{\mathrm{T}}\boldsymbol{M}\boldsymbol{X}=\begin{bmatrix} M_1 & 0 & 0 \\ 0 & M_2 & 0 \\ 0 & 0 & M_3 \end{bmatrix} \tag{4-31}$$

② 模态刚度矩阵$\boldsymbol{K}_r$：

$$\boldsymbol{K}_r=\boldsymbol{X}^{\mathrm{T}}\boldsymbol{K}\boldsymbol{X}=\begin{bmatrix} K_1 & 0 & 0 \\ 0 & K_2 & 0 \\ 0 & 0 & K_3 \end{bmatrix} \tag{4-32}$$

③ 模态阻尼矩阵$\boldsymbol{C}_r$：

$$\boldsymbol{C}_r=\boldsymbol{X}^{\mathrm{T}}\boldsymbol{C}\boldsymbol{X}=\begin{bmatrix} C_1 & 0 & 0 \\ 0 & C_2 & 0 \\ 0 & 0 & C_3 \end{bmatrix} \tag{4-33}$$

三个模态的传递函数（频率响应函数）分别为

$$G_1(\mathrm{j}\omega)=\frac{1}{1-(\omega/\Omega_1)^2+\mathrm{j}2\zeta_1(\omega/\Omega_1)} \tag{4-34}$$

$$G_2(\mathrm{j}\omega)=\frac{1}{1-(\omega/\Omega_2)^2+\mathrm{j}2\zeta_2(\omega/\Omega_2)} \tag{4-35}$$

$$G_3(\mathrm{j}\omega)=\frac{1}{1-(\omega/\Omega_3)^2+\mathrm{j}2\zeta_3(\omega/\Omega_3)} \tag{4-36}$$

（5）三自由度线性振动系统频率响应函数

① 输入为 $F(t)$ 时质量 m_1 的频率响应函数：

$$\frac{X_1(\omega)}{F(\omega)}=\frac{X_{11}X_{11}}{K_1}G_1(\mathrm{j}\omega)+\frac{X_{12}X_{12}}{K_2}G_2(\mathrm{j}\omega)+\frac{X_{13}X_{13}}{K_3}G_3(\mathrm{j}\omega) \tag{4-37}$$

② 输入为 $F(t)$ 时质量 m_2 的频率响应函数：

$$\frac{X_2(\omega)}{F(\omega)}=\frac{X_{21}X_{11}}{K_1}G_1(\mathrm{j}\omega)+\frac{X_{22}X_{12}}{K_2}G_2(\mathrm{j}\omega)+\frac{X_{23}X_{13}}{K_3}G_3(\mathrm{j}\omega) \tag{4-38}$$

③ 输入为 $F(t)$ 时质量 m_3 的频率响应函数：

$$\frac{X_3(\omega)}{F(\omega)}=\frac{X_{31}X_{11}}{K_1}G_1(\mathrm{j}\omega)+\frac{X_{32}X_{12}}{K_2}G_2(\mathrm{j}\omega)+\frac{X_{33}X_{13}}{K_3}G_3(\mathrm{j}\omega) \tag{4-39}$$

（6）三自由度线性动力吸振器系统设计

图 4-12 为三自由度线性动力吸振器系统简图。各动力吸振器的设置位置选为各对应模态的最大振幅点，动力吸振器的设计参数是质量比 μ。

设三个模态的目标等价阻尼率 ζ_{eq} 为

$$\zeta_{\mathrm{eq1}}\geqslant 0.15;\zeta_{\mathrm{eq2}}\geqslant 0.08\ ;\zeta_{\mathrm{eq3}}\geqslant 0.05$$

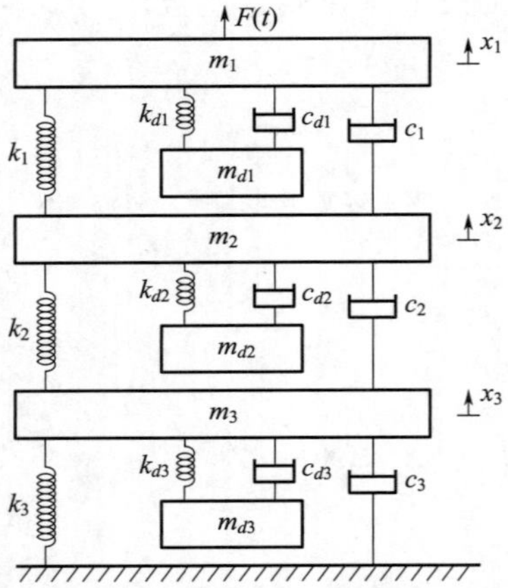

图 4-12　三自由度线性动力吸振器系统简图

动力吸振器的质量比 μ 为

$$\mu=\frac{8\zeta_{\mathrm{eq}}^{2}}{1-4\zeta_{\mathrm{eq}}^{2}}$$

设各个模态的质量比为

$$\mu_1=0.2;\mu_2=0.05;\mu_3=0.025$$

含有动力吸振器的振动系统的第 i 阶模态的频率响应函数表达式为

$$G_{di}(\mathrm{j}\omega)=\frac{1-\left(\dfrac{\omega}{\omega_{di}}\right)^2+\mathrm{j}2\zeta_{di}\left(\dfrac{\omega}{\omega_{di}}\right)}{D}\left(\frac{1}{K_i}\right)\quad i=1,2,3 \tag{4-40}$$

式中　$D=\left(\dfrac{\omega}{\Omega_i}\right)^2\left(\dfrac{\omega}{\omega_{di}}\right)^2-\left[\left(\dfrac{\omega}{\omega_{di}}\right)^2+\left(\dfrac{\omega}{\Omega_i}\right)^2(1+\mu_i)\right]+1+\mathrm{j}2\zeta_{di}\left(\dfrac{\omega}{\omega_{di}}\right)\left[1-\left(\dfrac{\omega}{\Omega_i}\right)^2(1+\mu_i)\right]$

$$\Omega_i=\sqrt{\frac{K_i}{M_i}};\omega_{di}=\sqrt{\frac{k_{di}}{m_{di}}};\zeta_{di}=\frac{c_{di}}{2m_{di}\omega_{di}};\mu_i=\frac{m_{di}}{M_i}\quad i=1,2,3$$

式中，ω_{di}，ζ_{di}，μ_i 分别是控制第 i 阶模态动力吸振器的固有角频率、阻尼率和质量比。

式(4-40) 与无动力吸振器时的式(4-34)～式(4-36) 相当。安装动力吸振器的振动系统只需把其中的 $G_i(\mathrm{j}\omega)$ 换成 $G_{di}(\mathrm{j}\omega)$ 即可。

4.2.9　三自由度线性动力吸振器系统优化设计频率响应 MATLAB App 仿真

【仿真 4-6】 如图 4-12 三自由度线性动力吸振器系统，已知质量矩阵 $\boldsymbol{M}$、刚度矩阵 $\boldsymbol{K}$、阻尼矩阵 $\boldsymbol{C}$ 和质量比 μ_1、μ_2、μ_3。建立三自由度线性动力吸振器系统优化设计幅频特性的 MATLAB App 仿真。

（1）MATLAB App 窗口设计

三自由度线性动力吸振器系统优化设计幅频特性的 MATLAB App 仿真窗口，如图 4-13 所示。

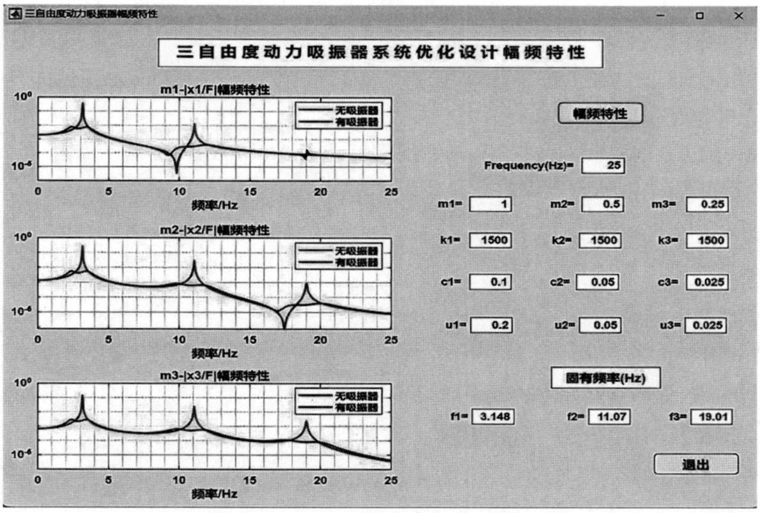

图 4-13　三自由度线性动力吸振器系统优化设计幅频特性 MATLAB App 仿真

（2）MATLAB App 窗口程序设计（appLU_Exam4_6）

①【幅频特性】回调函数：

```
m1=app.m1EditField.Value;                        % m1-质量
m2=app.m2EditField.Value;                        % m2-质量
m3=app.m3EditField.Value;                        % m3-质量
k1=app.k1EditField.Value;                        % k1-弹簧刚度
k2=app.k2EditField.Value;                        % k2-弹簧刚度
k3=app.k3EditField.Value;                        % k3-弹簧刚度
c1=app.c1EditField.Value;                        % c1-阻尼系数
c2=app.c2EditField.Value;                        % c2-阻尼系数
c3=app.c3EditField.Value;                        % c3-阻尼系数
u1=app.u1EditField.Value;                        % u1-质量比
u2=app.u2EditField.Value;                        % u2-质量比
u3=app.u3EditField.Value;                        % u3-质量比
Frequency=app.FrequencyHzEditField.Value;        % 输入频率范围
MM=[m1 0 0                                       % 质量矩阵
    0 m2 0
    0 0 m3];
MC=[c1  -c1  0                                   % 阻尼矩阵
    -c1  c1+c2  -c2
    0  -c2  c2+c3];
MK=[k1  -k1  0                                   % 刚度矩阵
    -k1  k1+k2  -k2
    0  -k2  k2+k3];
```

```
mk=MK/1500;
[phai,rad]=eig(mk,MM);                                % 特征值 rad 和特征向量 phai
for j=1:1:3
ph=[phai(1,j)phai(2,j)phai(3,j)];
MAX=max(ph);MIN=min(ph);
if abs(MAX)<abs(MIN)
MAX=MIN;
end
for i=1:1:3
phai(i,j)=phai(i,j)/MAX;                              % 特征向量
end;end
ra=1500*rad;
wn=sqrt(ra)/2/pi;                                     % 固有频率(Hz)
% 模态矩阵
wn=wn*2*pi;                                           % 固有角频率(rad/s)
phait=phai';                                          % 模态矩阵 phai 转置
Mi=phait*MM*phai;                                     % 模态质量矩阵
Ki=phait*MK*phai;                                     % 模态刚度矩阵
Ci=phait*MC*phai;                                     % 模态阻尼矩阵
% 3 个主质量模态参数
M1=Mi(1,1);M2=Mi(2,2);M3=Mi(3,3);                     % 模态质量矩阵对角线元素
K1=Ki(1,1);K2=Ki(2,2);K3=Ki(3,3);                     % 模态刚度矩阵对角线元素
C1=Ci(1,1);C2=Ci(2,2);C3=Ci(3,3);                     % 模态阻尼矩阵对角线元素
md1=u1*M1;kd1=md1*K1/M1*(1/(1+u1))^2;                 % 模态质量 md1,模态刚度 kd1
md2=u2*M2;kd2=md2*K2/M2*(1/(1+u2))^2;                 % 模态质量 md2,模态刚度 kd2
md3=u3*M3;kd3=md3*K3/M3*(1/(1+u3))^2;                 % 模态质量 md3,模态刚度 kd3
wd1=sqrt(kd1/md1);zd1=sqrt(3*u1/(8*(1+u1)));
wd2=sqrt(kd2/md2);zd2=sqrt(3*u2/(8*(1+u2)));
wd3=sqrt(kd3/md3);zd3=sqrt(3*u3/(8*(1+u3)));
% 特征向量
p11=phai(1,1);p12=phai(1,2);p13=phai(1,3);
p21=phai(2,1);p22=phai(2,2);p23=phai(2,3);
p31=phai(3,1);p32=phai(3,2);p33=phai(3,3);
% 固有角频率
W1=wn(1,1);z1=C1/(2*M1*W1);                           % 固有角频率 W1,阻尼率 z1
W2=wn(2,2);z2=C2/(2*M2*W2);                           % 固有角频率 W2,阻尼率 z2
W3=wn(3,3);z3=C3/(2*M3*W3);                           % 固有角频率 W3,阻尼率 z3
% 理论计算
Sample=500;
ww=linspace(0,Frequency,Sample);
```

```
w=ww*2*pi;
for i=1:1:Sample
% 无吸振器系统
num1(i)=(1/K1);
den1(i)=(1-(w(i)/W1)^2)+sqrt(-1)*(2*z1*(w(i)/W1));
num2(i)=(1/K2);
den2(i)=(1-(w(i)/W2)^2)+sqrt(-1)*(2*z2*(w(i)/W2));
num3(i)=(1/K3);
den3(i)=(1-(w(i)/W3)^2)+sqrt(-1)*(2*z3*(w(i)/W3));
% 传递函数
g1(i)=(num1(i)/den1(i));
g2(i)=(num2(i)/den2(i));
g3(i)=(num3(i)/den3(i));
% 有吸振器系统
Ww1=(w(i)/W1)^2;wW1=(w(i)/wd1)^2;
num1d(i)=(1/K1)*(1-wW1+sqrt(-1)*(2*zd1*(w(i)/wd1)));
den1d(i)=Ww1*wW1-(wW1+Ww1*(1+u1))+1+...
      sqrt(-1)*(2*zd1*(w(i)/W1))*(1-Ww1*(1+u1));
Ww2=(w(i)/W2)^2;wW2=(w(i)/wd2)^2;
num2d(i)=(1/K2)*(1-wW2 +sqrt(-1)*(2*zd2*(w(i)/wd2)));
den2d(i)=Ww2*wW2-(wW2+Ww2*(1+u2))+1+...
      sqrt(-1)*(2*zd2*(w(i)/W2))*(1-Ww2*(1+u2));
Ww3=(w(i)/W3)^2;wW3=(w(i)/wd3)^2;
num3d(i)=(1/K3)*(1-wW3+sqrt(-1)*(2*zd3*(w(i)/wd3)));
den3d(i)=Ww3*wW3-(wW3+Ww3*(1+u3))+1+...
      sqrt(-1)*(2*zd3*(w(i)/W3))*(1-Ww3*(1+u3));
% 传递函数
g1d(i)=(num1d(i)/den1d(i));
g2d(i)=(num2d(i)/den2d(i));
g3d(i)=(num3d(i)/den3d(i));
% 无吸振器传递函数
g11(i)=p11*p11*g1(i);g12(i)=p12*p12*g2(i);g13(i)=p13*p13*g3(i);
g21(i)=p11*p21*g1(i);g22(i)=p12*p22*g2(i);g23(i)=p13*p23*g3(i);
g31(i)=p11*p31*g1(i);g32(i)=p12*p32*g2(i);g33(i)=p13*p33*g3(i);
G1(i)=abs(g11(i)+g12(i)+g13(i));
G2(i)=abs(g21(i)+g22(i)+g23(i));
G3(i)=abs(g31(i)+g32(i)+g33(i));
G11(i)=abs(g11(i));G12(i)=abs(g12(i));G13(i)=abs(g13(i));
G21(i)=abs(g21(i));G22(i)=abs(g22(i));G23(i)=abs(g23(i));
G31(i)=abs(g31(i));G32(i)=abs(g32(i));G33(i)=abs(g33(i));
```

```
% 有吸振器传递函数
gd11(i)=p11*p11*g1d(i);gd12(i)=p12*p12*g2d(i);gd13(i)=p13*p13*g3d(i);
gd21(i)=p11*p21*g1d(i);gd22(i)=p12*p22*g2d(i);gd23(i)=p13*p23*g3d(i);
gd31(i)=p11*p31*g1d(i);gd32(i)=p12*p32*g2d(i);gd33(i)=p13*p33*g3d(i);
Gd1(i)=abs(gd11(i)+gd12(i)+gd13(i));
Gd2(i)=abs(gd21(i)+gd22(i)+gd23(i));
Gd3(i)=abs(gd31(i)+gd32(i)+gd33(i));
Gd11(i)=abs(gd11(i));Gd12(i)=abs(gd12(i));
Gd13(i)=abs(gd13(i));Gd21(i)=abs(gd21(i));
Gd22(i)=abs(gd22(i));Gd23(i)=abs(gd23(i));
Gd31(i)=abs(gd31(i));Gd32(i)=abs(gd32(i));Gd33(i)=abs(gd33(i));
end
app.f1EditField.Value=wn(1,1)/2/pi;                          % f1-固有频率
app.f2EditField.Value=wn(2,2)/2/pi;                          % f2 固有频率
app.f3EditField.Value=wn(3,3)/2/pi;                          % f3 固有频率
cla(app.UIAxes_1);cla(app.UIAxes_3);cla(app.UIAxes_5)        % 清除图形
semilogy(app.UIAxes_1,ww,G1,'r',ww,Gd1,'b','linewidth',1.5)  % 上图曲线
title(app.UIAxes_1,'m1-|x1/F|幅频特性');
xlabel(app.UIAxes_1,'频率/Hz')
legend(app.UIAxes_1,'无吸振器','有吸振器')
semilogy(app.UIAxes_3,ww,G2,'r',ww,Gd2,'b','linewidth',1.5)  % 中间图曲线
title(app.UIAxes_3,'m2-|x2/F|幅频特性');
xlabel(app.UIAxes_3,'频率/Hz')
legend(app.UIAxes_3,'无吸振器','有吸振器')
semilogy(app.UIAxes_5,ww,G3,'r',ww,Gd3,'b','linewidth',1.5)  % 下图曲线
title(app.UIAxes_5,'m3-|x3/F|幅频特性')
xlabel(app.UIAxes_5,'频率/Hz')
legend(app.UIAxes_5,'无吸振器','有吸振器')
```

②【退出】回调函数：

```
sel=questdlg('确认关闭应用程序？','关闭确认,','Yes','No','No');
switch sel
case'Yes'
delete(app)
case'No'
end
```

4.3 两自由度车辆悬架系统分析与 MATLAB App 仿真

汽车振动是汽车性能的重要影响因素，会严重影响汽车的平顺性和操纵稳定性以及汽车

零部件的疲劳寿命。此外，严重的汽车振动还会影响汽车的行驶速度并产生刺激乘员的生理噪声。所以研究车辆的振动并将它控制在最低水平，将是车辆设计中的重要工作。

汽车的质量、弹簧和减振器装在一起组成了一个复杂的振动系统，激励来自路面不平和控制输入。在工程应用中，所建立的汽车数学模型考虑的因素越多，模型的自由度数越多，模型精确度也就越高，仿真结果越准确。但是，在车辆动力学研究过程中，由于受到研究的理论水平和研究的硬件设备的限制，汽车模型自由度选择的多少、数学模型的精确与否始终是一个关键问题。在实际工程实践中，应根据所分析的问题进行必要的简化。

从汽车悬架系统的刚度和阻尼参数设计出发，一般汽车模型可以分别简化为两自由度悬架模型、四自由度悬架模型和七自由度悬架模型。

对悬架系统设计而言，通常悬架工程师可以确定的设计参数有：悬架刚度、阻尼参数、簧载质量与非簧载质量之比、防撞缓冲块的特性、轮胎部分的特性、衬套刚度等。其中，悬架刚度和阻尼系数是悬架系统设计的重要参数。

本节介绍两自由度车辆悬架系统及其 MATLAB App 设计仿真。

4.3.1 两自由度车辆悬架系统运动微分方程

如图 4-14 所示为两自由度车辆悬架系统模型。车辆在其行驶过程中受到路面凹凸不平的激励 $w(t)$ 会引起悬架系统的振动。对车辆研究的角度不同，既可以研究车辆系统的簧载质量 m_1 和非簧载质量 m_2 的位移振动 $x_1(t)$、$x_2(t)$ 问题，又可研究 m_1 和 m_2 的速度振动 $\dot{x}_1(t)$、$\dot{x}_2(t)$ 或者 m_1 和 m_2 的加速度振动 $\ddot{x}_1(t)$、$\ddot{x}_2(t)$ 问题。但无论采用哪种研究方法，振动的时间响应的频域分析都是考察车辆悬架系统振动的基本和直观的方法。

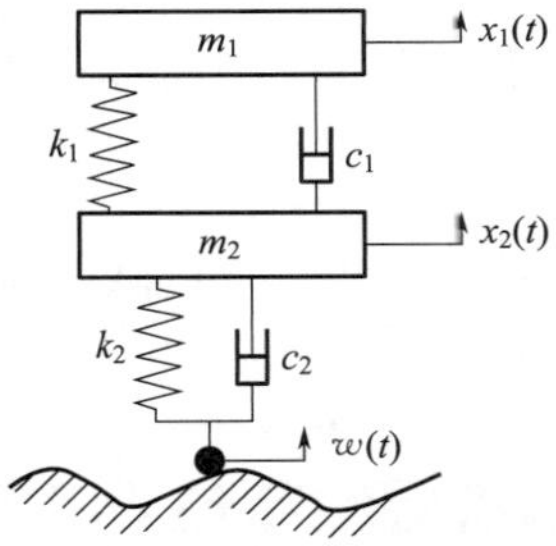

图 4-14　两自由度车辆悬架系统模型

m_1—簧载质量；m_2—非簧载质量；k_1—悬架刚度；k_2—轮胎刚度；c_1—悬架阻尼系数；c_2—轮胎阻尼系数；$x_1(t)$ —簧载质量垂向位移；$x_2(t)$ —非簧载质量垂向位移；$w(t)$ —路面激励

如图 4-14 所示，采用牛顿定律的质点受力平衡原理建立悬架系统的运动微分方程为

$$m_1\ddot{x}_1(t)=k_1[x_2(t)-x_1(t)]+c_1[\dot{x}_2(t)-\dot{x}_1(t)] \tag{4-41a}$$

$$m_2\ddot{x}_2(t)=-k_1[x_2(t)-x_1(t)]-c_1[\dot{x}_2(t)-\dot{x}_1(t)]+k_2[w(t)-x_2(t)] \tag{4-41b}$$

这是一个二阶常系数非齐次线性微分方程组，其矩阵微分方程式表达为

$$\begin{bmatrix} m_1 & 0 \\ 0 & m_2 \end{bmatrix}\begin{bmatrix} \ddot{x}_1(t) \\ \ddot{x}_2(t) \end{bmatrix}+\begin{bmatrix} c_1 & -c_1 \\ -c_1 & c_1+c_2 \end{bmatrix}\begin{bmatrix} \dot{x}_1(t) \\ \dot{x}_2(t) \end{bmatrix}+\begin{bmatrix} k_1 & -k_1 \\ -k_1 & k_1+k_2 \end{bmatrix}\begin{bmatrix} x_1(t) \\ x_2(t) \end{bmatrix}=\begin{bmatrix} 0 \\ k_2 \end{bmatrix}w(t) \tag{4-42a}$$

$$\boldsymbol{M}\ddot{\boldsymbol{x}}(t)+\boldsymbol{C}\dot{\boldsymbol{x}}(t)+\boldsymbol{K}\boldsymbol{x}(t)=\boldsymbol{E}w(t) \tag{4-42b}$$

式中 $\boldsymbol{M}=\begin{bmatrix} m_1 & 0 \\ 0 & m_2 \end{bmatrix}$；$\boldsymbol{C}=\begin{bmatrix} c_1 & -c_1 \\ -c_1 & c_1+c_2 \end{bmatrix}$；$\boldsymbol{K}=\begin{bmatrix} k_1 & -k_1 \\ -k_1 & k_1+k_2 \end{bmatrix}$

对式(4-42b) 进行拉普拉斯变换，可求得系统传递函数为

$$\boldsymbol{H}(s)=\frac{\boldsymbol{X}(s)}{\boldsymbol{w}(s)}=\frac{\boldsymbol{E}}{s^2\boldsymbol{M}+s\boldsymbol{C}+\boldsymbol{K}} \tag{4-43}$$

设状态变量为

$$y_1=x_1;y_2=x_2;y_3=\dot{x}_1;y_4=\dot{x}_2$$

系统状态方程为

$$\dot{\boldsymbol{y}}=\boldsymbol{A}\boldsymbol{y}+\boldsymbol{B}w \tag{4-44a}$$

$$\boldsymbol{z}=\boldsymbol{C}\boldsymbol{y} \tag{4-44b}$$

状态矩阵 $\boldsymbol{A}$、输入矩阵 $\boldsymbol{B}$ 和输出矩阵 $\boldsymbol{C}$ 分别为

$$\boldsymbol{A}=\begin{bmatrix} 0 & 0 & 1 & 0 \\ 0 & 0 & 0 & 1 \\ -\dfrac{k_1}{m_1} & \dfrac{k_1}{m_1} & -\dfrac{c_1}{m_1} & \dfrac{c_1}{m_1} \\ \dfrac{k_1}{m_2} & -\dfrac{k_1+k_2}{m_2} & \dfrac{c_1}{m_2} & -\dfrac{c_1+c_2}{m_2} \end{bmatrix};\boldsymbol{B}=\begin{bmatrix} 0 \\ \dfrac{c_2}{m_2} \\ \dfrac{c_1c_2}{m_1m_2} \\ \dfrac{k_2}{m_2}-\left(\dfrac{c_2}{m_2}\right)^2-\dfrac{c_1c_2}{m_2^2} \end{bmatrix};\boldsymbol{C}=\begin{bmatrix} 1 & 0 & 0 & 0 \\ 0 & 1 & 0 & 0 \end{bmatrix} \tag{4-44c}$$

通过车辆悬架系统状态方程，即可利用 MATLAB 函数 ss2tf 求出车辆悬架系统的传递函数，进而研究悬架系统的频率响应。

4.3.2 两自由度车辆悬架系统幅频特性 MATLAB App 仿真

车辆振动源主要包括路面和非路面对悬架的作用、发动机运动件的不平衡旋转和往复运动等。振动对人体健康的影响是一个复杂的过程，涉及多个因素的相互作用。首先，振动的频率是影响人体反应的重要因素之一，因为人体是一个有弹性的系统，对不同频率的振动反应不同。其次，振动的强度也是一个关键因素，它决定了振动对人体产生的物理影响的大小。然后，振动的作用方向也很重要，因为不同方向的振动会对人体产生不同的影响。最后，振动的持续时间也是一个重要的考虑因素，因为长时间的振动会对人体产生累积效应，导致更严重的健康问题。

路面激励车辆振动的环境实际上是非常复杂的，影响乘员舒适性的振动分量频率范围分布也很宽。就车辆乘坐舒适性来说，通常是以噪声、振动和啸鸣来评价的。

车辆的振动频率范围可大致如下：

刚体运动 0～15Hz；结构振动、板件振动 15～150Hz；噪声及啸鸣 150Hz 以上。

车辆的典型共振频率范围大致如下：

车身共振频率 1～1.5Hz；车轮跳动 10～12Hz；结构共振频率＞20Hz；

悬置的动力总成 10～20Hz；座椅上乘客 4～6Hz；轮胎共振频率 30～50Hz 和 80～100Hz。

两自由度悬架系统的簧载质量固有角频率和簧下质量固有角频率（也称偏频）如下：

簧载质量固有角频率 $$\omega_s=\sqrt{\frac{k_1}{m_1}}$$

簧下质量固有角频率 $$\omega_t=\sqrt{\frac{k_1+k_2}{m_2}}$$

【仿真 4-7】 如图 4-14 所示两自由度车辆悬架系统模型，已知 m_1、m_2、k_1、k_2、c_1、c_2。建立两自由度车辆悬架系统质量 m_1 和 m_2 的振动位移 $x_1(t)$、$x_2(t)$ 与路面激励 $w(t)$ 之间的幅频特性和 m_1 和 m_2 振幅最大值所对应的主频率的 MATLAB App 仿真。

（1）MATLAB App 窗口设计

两自由度车辆悬架系统幅频特性及主频率 MATLAB App 仿真窗口，如图 4-15 所示。

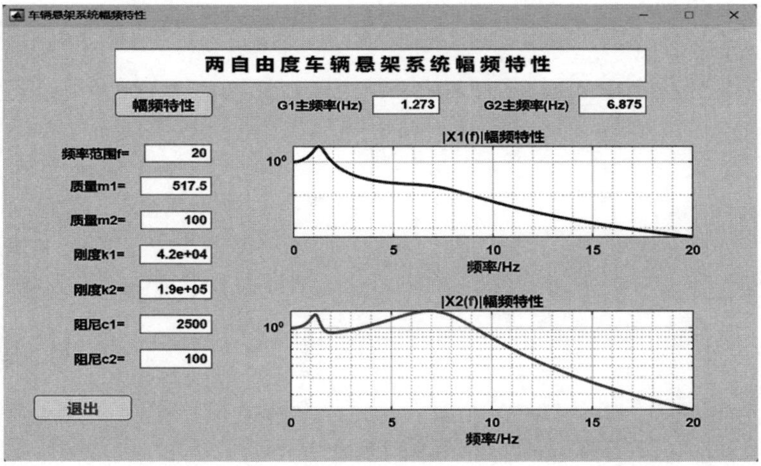

图 4-15 两自由度车辆悬架系统幅频特性及主频率 MATLAB App 仿真

（2）MATLAB App 窗口程序设计（appLU_Exam4_7）

①【幅频特性】回调函数

```
m1=app.m1EditField.Value;                    % m1-质量
m2=app.m2EditField.Value;                    % m2-质量
k1=app.k1EditField.Value;                    % k1-刚度
k2=app.k2EditField.Value;                    % k2-刚度
c1=app.c1EditField.Value;                    % c1-阻尼系数
c2=app.c2EditField.Value;                    % c2-阻尼系数
```

```
f=app.fEditField.Value;                                    % 频率范围
% 建立状态方程
A=[0 0 1 0;0 0 0 1;-k1/m1 k1/m1-c1/m1 c1/m1;k1/m2-(k1+k2)/m2 c1/m2-(c1+c2)/m2];
B=[0;c2/m2;c1*c2/m1/m2;k2/m2-(c2/m2)^2-c1*c2/m2^2];
C=[1 0 0 0;0 1 0 0];D=[0;0];
w=0.1:0.01:2*pi*f;                                         % 角频率范围
[MUN,DEN]=ss2tf(A,B,C,D);                                  % 状态方程求传递函数
G1=polyval(MUN(1,:),j*w)./polyval(DEN,j*w);                % G1-传递函数
G2=polyval(MUN(2,:),j*w)./polyval(DEN,j*w);                % G2-传递函数
mag1=abs(G1);                                              % G1 幅频特性
mag2=abs(G2);                                              % G2 幅频特性
% 求系统 G1 主频率 wm1
for i=1:length(w)-1
if(mag1(i+1)-mag1(i))< 0.0000001 &(mag1(i)-mag1(i-1))> 0.00000001
magmax(1)=mag1(i);
wm(1)=w(i);                                                % G1 主频率
end;end
% 求系统 G2 主频率 wm2
for i=1:length(w)-1
if(mag2(i+1)-mag2(i))< 0.0000001 &(mag2(i)-mag2(i-1))> 0.00000001
magmax(1)=mag2(i);
wm(2)=w(i);                                                % G2 主频率
end;end
wm1=wm(1)/2/pi;                                            % G1 振幅最大值频率
wm2=wm(2)/2/pi;                                            % G2 振幅最大值频率
w=w/2/pi;                                                  % 频率(Hz)
app.G1EditField.Value=wm1;app.G2EditField.Value=wm2        % 主频率显示
cla(app.UIAxes);cla(app.UIAxes_2)                          % 清除原图形
semilogy(app.UIAxes,w,mag1,'color','r','linewidth',2)      % 绘制上图
xlabel(app.UIAxes,'频率/Hz');title(app.UIAxes,'|X1(f)|幅频特性')
semilogy(app.UIAxes_2,w,mag2,'color','b','linewidth',2)    % 绘制下图
xlabel(app.UIAxes_2,'频率/Hz');title(app.UIAxes_2,'|X2(f)|幅频特性')
```

②【退出】回调函数：

```
sel=questdlg('确认关闭窗口? ','关闭确认,','Yes','No','No');
switch sel
case'Yes'
delete(app)
case'No'
end
```

4.3.3 两自由度车辆悬架系统脉冲响应 MATLAB App 仿真

【仿真 4-8】 如图 4-14 所示两自由度车辆悬架系统模型，已知 m_1、m_2、k_1、k_2、c_1、c_2。建立两自由度车辆悬架系统质量 m_1 和 m_2 对路面的脉冲响应的 MATLAB App 仿真。

（1）MATLAB App 窗口设计

两自由度车辆悬架系统脉冲响应 MATLAB App 仿真窗口，如图 4-16 所示。

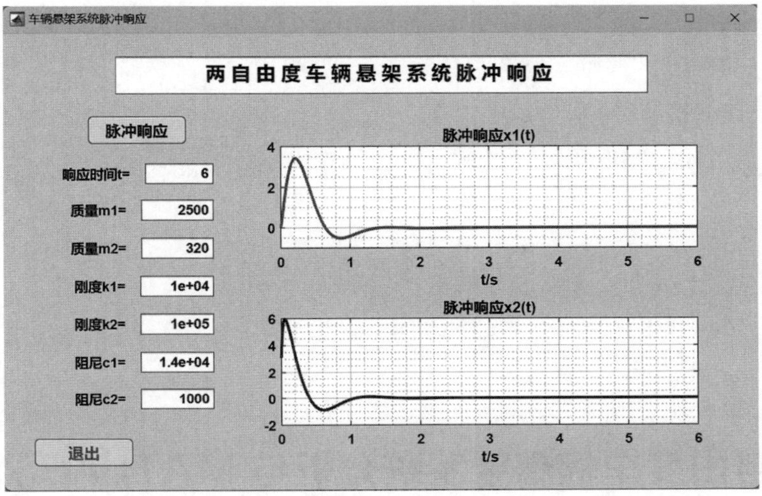

图 4-16 两自由度车辆悬架系统脉冲响应 MATLAB App 仿真

（2）MATLAB App 窗口程序设计（appLU_Exam4_8）

①【脉冲响应】回调函数：

```
m1=app.m1EditField.Value;                          % m1-质量
m2=app.m2EditField.Value;                          % m2-质量
k1=app.k1EditField.Value;                          % k1-刚度
k2=app.k2EditField.Value;                          % k2-刚度
c1=app.c1EditField.Value;                          % c1-阻尼系数
c2=app.c2EditField.Value;                          % c2-阻尼系数
t=app.tEditField.Value;                            % t-响应时间
% 状态方程
A=[0 0 1 0;0 0 0 1;-k1/m1  k1/m1  -c1/m1  c1/m1;k1/m2  -(k1+k2)/m2  c1/m2-(c1+c2)/m2];
B=[0;c2/m2;c1*c2/m1/m2;k2/m2-(c2/m2)^2-c1*c2/m2^2];
C=[1 0 0 0;0 1 0 0];
D=[0;0];
t=0:0.01:t;                                        % 响应时间
[MUN,DEN]=ss2tf(A,B,C,D);                          % 求传递函数
SYS1=tf(MUN(1,:),DEN);                             % 传递函数 1
```

```
SYS2=tf(MUN(2,:),DEN);                                   % 传递函数 2
y1=impulse(SYS1,t);                                      % 脉冲响应 1
y2=impulse(SYS2,t);                                      % 脉冲响应 2
cla(app.UIAxes);cla(app.UIAxes_2)                        % 清除原图形
plot(app.UIAxes,t,y1,'color','r','linewidth',2)          % 绘制上图
xlabel(app.UIAxes,'t/s');
title(app.UIAxes,'脉冲响应 x1(t)')
plot(app.UIAxes_2,t,y2,'color','b','linewidth',2)        % 绘制下图
xlabel(app.UIAxes_2,'t/s');
title(app.UIAxes_2,'脉冲响应 x2(t)')
```

②【退出】回调函数：

```
sel=questdlg('确认关闭窗口？','关闭确认,','Yes','No','No');
switch sel
case'Yes'
delete(app)
case'No'
end
```

4.4 四自由度车辆悬架系统分析与 MATLAB App 仿真

两自由度的车辆悬架系统模型是在假定前后悬架的振动相互独立的条件下简化得到的。它忽略了前后悬架振动的相互影响，实际上是忽略了汽车行驶中的俯仰振动，即纵向角振动。而汽车在凹凸不平的路面上行驶时，俯仰振动是相当剧烈而不容忽视的。若考虑汽车纵向角振动时悬架对车身的激励影响，就至少应将车辆振动系统简化为一个四自由度车辆平面悬架系统模型，如图 4-17 所示。

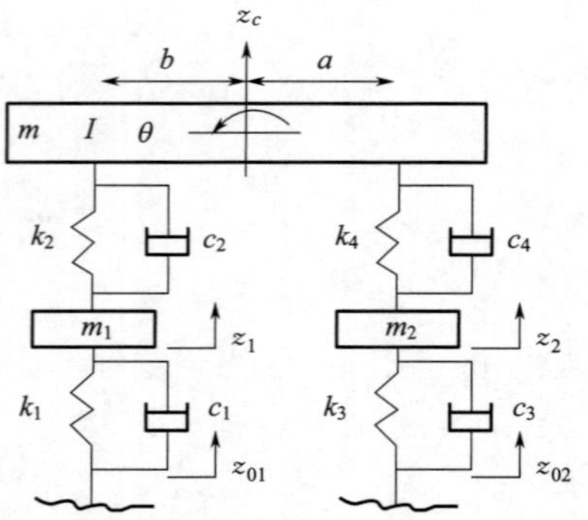

图 4-17 四自由度车辆平面悬架系统模型

m—簧载质量；m_1、m_2—前、后非簧载质量；I—俯仰转动惯量；b、a—前、后悬架到质心距离；k_2、k_4—前、后悬架刚度；k_1、k_3—前、后轮胎刚度；c_2、c_4—前、后悬架阻尼系数；c_1、c_3—前、后轮胎阻尼系数；θ—车辆俯仰角；z_c—整车垂向位移；z_1、z_2—前、后非簧载质量位移；z_{01}、z_{02}—前、后轮胎路面激励

在图 4-17 四自由度车辆平面悬架系统模型中，要求车辆相对于纵垂面完全对称，并且左右轮下的路面不平度完全一样，即认为车辆是在纵垂面上振动的。其中，簧载质量为 m，俯仰转动惯量为 I，前、后非簧载质量为 m_1、m_2，车辆俯仰角为 θ，整车垂向位移为 z_c，前、后非簧载质量位移为 z_1、z_2。

本节介绍四自由度车辆悬架系统及其 MATLAB App 设计仿真。

4.4.1 四自由度车辆悬架系统运动微分方程

如图 4-17 所示，采用牛顿定律的质点受力平衡原理建立悬架系统运动微分方程如下。

受力平衡：

$$m\ddot{z}_c+k_2(-z_1)+k_4(z_c-z_2)+c_2(\dot{z}_c-\dot{z}_1)+c_4(\dot{z}_c-\dot{z}_2)=0 \tag{4-45}$$

绕质心的力矩平衡：

$$I\ddot{\theta}-bk_2(z_c-z_1)+ak_4(z_c-z_2)-bc_2(\dot{z}_c-\dot{z}_1)+ac_4(\dot{z}_c-\dot{z}_2)=0 \tag{4-46}$$

对前轴分析：

$$m_1\ddot{z}_1-k_2(z_c-z_1)+k_1(z_1-z_{01})-c_2(\dot{z}_c-\dot{z}_1)+c_1(\dot{z}_1-\dot{z}_{01})=0 \tag{4-47}$$

对后轴分析：

$$m_2\ddot{z}_2-k_4(z_c-z_2)+k_3(z_2-z_{02})-c_4(\dot{z}_c-\dot{z}_2)+c_3(\dot{z}_2-\dot{z}_{02})=0 \tag{4-48}$$

对于前轴、后轴上方的垂直位移有如下关系。

前轴：

$$z_1=z_c-b\tan\theta\approx z_c-b\theta \tag{4-49}$$

后轴：

$$z_2=z_c+a\tan\theta\approx z_c+a\theta \tag{4-50}$$

由式(4-45) ～ 式(4-50) 可得到四个二阶常系数线性微分方程为

$$\begin{aligned}&m\ddot{z}_c+(c_2+c_4)\dot{z}_c+(-bc_2+ac_4)\dot{\theta}-c_2\dot{z}_1-c_4\dot{z}_2+(k_2+k_4)z_c\\&+(-bk_2+ak_4)\theta-k_2z_1-k_4z_2=0\end{aligned} \tag{4-51a}$$

$$\begin{aligned}&I\ddot{\theta}+(-bc_2+ac_4)\dot{z}_c+(b^2c_2+a^2c_4)\dot{\theta}+bc_2\dot{z}_1-ac_4\dot{z}_2\\&+(-bk_2+ak_4)z_c+(b^2k_2+a^2k_4)\theta+bk_2z_1-ak_4z_2=0\end{aligned} \tag{4-51b}$$

$$m_1\ddot{z}_1-c_2\dot{z}_c+bc_2\dot{\theta}+(c_1+c_2)\dot{z}_1-k_2z_c+bk_2\theta+(k_2+k_1)z_1=k_1z_{01}+c_1\dot{z}_{01} \tag{4-51c}$$

$$m_2\ddot{z}_2-c_4\dot{z}_c-ac_4\dot{\theta}+(c_3+c_4)\dot{z}_2-k_4z_c-ak_4\theta+(k_3+k_4)z_2=k_3z_{02}+c_3\dot{z}_{02} \tag{4-51d}$$

写成矩阵微分方程为

$$\boldsymbol{M}\ddot{\boldsymbol{Z}}+\boldsymbol{C}\dot{\boldsymbol{Z}}+\boldsymbol{KZ}=\boldsymbol{K}_t\boldsymbol{Q}+\boldsymbol{C}_t\dot{\boldsymbol{Q}} \tag{4-52}$$

式中，$\boldsymbol{M}$ 为车辆质量矩阵；$\boldsymbol{C}$ 为车辆阻尼矩阵；$\boldsymbol{K}$ 为车辆刚度矩阵；$\boldsymbol{K}_t$ 为轮胎刚度矩阵；$\boldsymbol{Z}$ 为对应于车辆各自由度的位移向量；$\boldsymbol{Q}$ 为路面输入向量；$\boldsymbol{C}_t$ 为轮胎阻尼矩阵。有

$$\boldsymbol{M}=\begin{bmatrix} m & 0 & 0 & 0 \\ 0 & I & 0 & 0 \\ 0 & 0 & m_1 & 0 \\ 0 & 0 & 0 & m_2 \end{bmatrix}$$

$$\boldsymbol{K}=\begin{bmatrix} k_2+k_4 & -bk_2+ak_4 & -k_2 & -k_4 \\ -bk_2+ak_4 & b^2k_2+a^2k_4 & bk_2 & -ak_4 \\ -k_2 & bk_2 & k_1+k_2 & 0 \\ -k_4 & -ak_4 & 0 & k_3+k_4 \end{bmatrix}$$

$$\boldsymbol{C}=\begin{bmatrix} c_2+c_4 & -bc_2+ac_4 & -c_2 & -c_4 \\ -bc_2+ac_4 & b^2c_2+a^2c_4 & bc_2 & -ac_4 \\ -c_2 & bc_2 & c_1+c_2 & 0 \\ -c_4 & -ac_4 & 0 & c_3+c_4 \end{bmatrix}$$

$$\boldsymbol{K}_t=\begin{bmatrix} 0 & 0 \\ 0 & 0 \\ k_1 & 0 \\ 0 & k_3 \end{bmatrix};\quad \boldsymbol{C}_t=\begin{bmatrix} 0 & 0 \\ 0 & 0 \\ c_1 & 0 \\ 0 & c_3 \end{bmatrix};\ \boldsymbol{Q}=[z_{01}\quad z_{02}]^{\mathrm{T}};\quad \boldsymbol{Z}=[z_c\quad \theta\quad z_1\quad z_2]^{\mathrm{T}}$$

由式(4-52）可得传递函数矩阵 $\boldsymbol{G}(s)$ 为

$$\boldsymbol{G}(s)=\frac{\boldsymbol{Q}(s)}{\boldsymbol{X}(s)}=\frac{\boldsymbol{K}_t+\boldsymbol{C}_t s}{\boldsymbol{M}s^2+\boldsymbol{C}s+\boldsymbol{K}} \tag{4-53}$$

系统的频率响应函数矩阵 $\boldsymbol{H}(\mathrm{j}\omega)$ 为

$$\boldsymbol{H}(\mathrm{j}\omega)=\frac{\boldsymbol{Q}(s)}{\boldsymbol{X}(s)}=\frac{\boldsymbol{K}_t+\mathrm{j}\omega\boldsymbol{C}_t}{\boldsymbol{K}-\boldsymbol{M}\omega^2+\mathrm{j}\omega\boldsymbol{C}} \tag{4-54}$$

频率响应函数矩阵 $\boldsymbol{H}(\mathrm{j}\omega)$ 由如下频响函数组成：

$$\boldsymbol{H}(\mathrm{j}\omega)=\begin{bmatrix} H_{11} & H_{12} \\ H_{21} & H_{22} \\ H_{31} & H_{32} \\ H_{41} & H_{42} \end{bmatrix} \tag{4-55}$$

频率响应函数矩阵［式(4-55)］中各项频响函数含义如下：

$H_{11}(\mathrm{j}\omega)$ ——车身垂直振动对前轮激励的频率响应函数；

$H_{12}(\mathrm{j}\omega)$ ——车身垂直振动对后轮激励的频率响应函数；

$H_{21}(\mathrm{j}\omega)$ ——车身俯仰振动对前轮激励的频率响应函数；

$H_{22}(\mathrm{j}\omega)$ ——车身俯仰振动对后轮激励的频率响应函数；

$H_{31}(\mathrm{j}\omega)$ ——前轴振动对前轮激励的频率响应函数；

$H_{32}(\mathrm{j}\omega)$ ——前轴振动对后轮激励的频率响应函数；

$H_{41}(\mathrm{j}\omega)$ ——后轴振动对前轮激励的频率响应函数；

$H_{42}(j\omega)$ ——后轴振动对后轮激励的频率响应函数。

4.4.2 四自由度车辆悬架系统模态参数 MATLAB App 仿真

【仿真 4-9】 如图 4-17 所示四自由度车辆平面悬架系统模型，已知悬架系统质量 m、车身绕质心转动惯量 I、前轴质量 m_1、后轴质量 m_2、前悬架刚度 k_4、后悬架刚度 k_2、前轮胎刚度 k_3、后轮胎刚度 k_1、前悬架阻尼系数 c_4、后悬架阻尼系数 c_2、前轮胎阻尼系数 c_3、后轮胎阻尼系数 c_1、前轴到质心距离 a、后轴到质心距离 b。建立四自由度车辆悬架系统模态参数的 MATLAB App 仿真。

（1）MATLAB App 窗口设计

四自由度车辆悬架系统模态参数的 MATLAB App 仿真窗口，如图 4-18 所示。

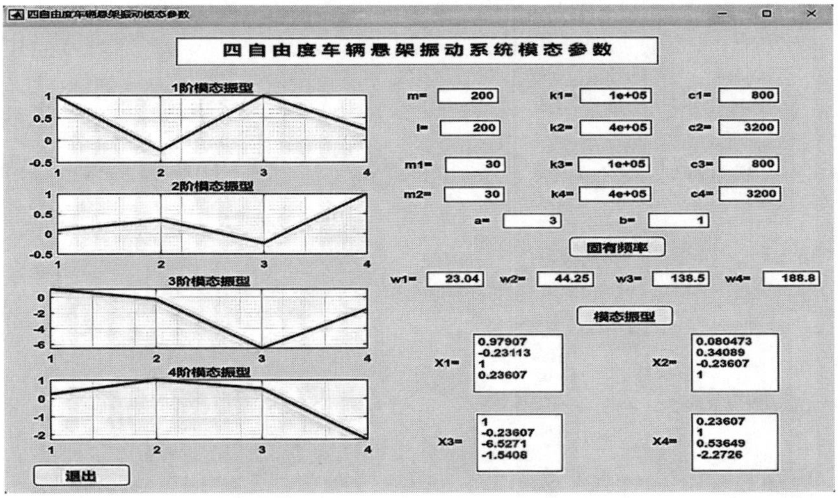

图 4-18 四自由度车辆悬架系统模态参数 MATLAB App 仿真

（2）MATLAB App 窗口程序设计（appLU_Exam4_9）

①私有属性创建：

```
properties(Access=private)
  % 私有属性具体含义见程序
  K1;K2;K3;K4;C1;C2;C3;C4;m;I;m1;m2;a;b;Q;D;
end
```

② 设置窗口启动回调函数：

```
app.Button_2.Enable='off';                                    % 屏蔽【模态振型】
```

③【固有频率】回调函数：

```
app.m=app.mEditField.Value;                                   % m-质量
m=app.m;
```

```
app.I=app.IEditField.Value;                            % I-转动惯量
I=app.I;
app.m1=app.m1EditField.Value;                          % m1-质量
m1=app.m1;
app.m2=app.m2EditField.Value;                          % m2-质量
m2=app.m2;
app.K1=app.k1EditField.Value;                          % K1-后轮胎刚度
K1=app.K1;
app.K2=app.k2EditField.Value;                          % K2-后悬架刚度
K2=app.K2;
app.K3=app.k3EditField.Value;                          % K3-前轮胎刚度
K3=app.K3;
app.K4=app.k4EditField.Value;                          % K4-前悬架刚度
K4=app.K4;
app.C1=app.c1EditField.Value;                          % C1-阻尼系数
C1=app.C1;
app.C2=app.c2EditField.Value;                          % C2-阻尼系数
C2=app.C2;
app.C3=app.c3EditField.Value;                          % C3-阻尼系数
C3=app.C3;
app.C4=app.c4EditField.Value;                          % C4-阻尼系数
C4=app.C4;
app.a=app.aEditField.Value;                            % a-轴距
a=app.a;
app.b=app.bEditField.Value;                            % b-轴距
b=app.b;
% 质量、转动惯量矩阵
M=[m 0 0 0;
    0 I 0 0;
    0 0 m1 0;
    0 0 0 m2];
Kt=[0,0;0,0;K1,0;0,K3];                                % 轮胎刚度矩阵
Ct=[0,0;0,0;C1,0;0,C3];                                % 轮胎阻尼矩阵
% 车辆的刚度矩阵
K=[K2+K4,-b*K2+a*K4,-K2,-K4;
    -b*K2+a*K4,b^2*K2+a^2*K4,b*K2,-a*K4;
    -K2,b*K2,K2+K1,0;
    -K4,-a*K4,0,K3+K4];
% 车辆的阻尼矩阵
C=[C2+C4,-b*C2+a*C4,-C2,-C4;
```

```
    -b * C2+a * C4,b^2 * C2+a^2 * C4,b * C2,-a * C4;
    -C2,b * C2,C2+C1,0;
    -C4,-a * C4,0,C3+C4];
[A,d]=eig(inv(M) * K);                    % 主振型 A,固有角频率的平方 d
n=4;                                      % 自由度
for i=1:n
w(i)=d(i,i);                              % 对角线元素为固有角频率的平方
A(:,i)=A(:,i)/A(1,i);                     % 矩阵 A 各列对第一行元素进行归一化,获得各阶主振型
end
% 对固有角频率平方进行由大到小的排序
for j=1:n-1;for i=j+1:n
if w(j)> w(i)
t=w(i);
w(i)=w(j);                                % 对固有角频率进行由大到小的排序
w(j)=t;
q=A(:,i);
A(:,i)=A(:,j);                            % 对应各自固有角频率、主振型进行排序
A(:,j)=q;
end;end;end
fn=sqrt(w)/2/pi;                          % 四个固有频率(Hz)
app.Q=A;app.D=d;                          % 私有属性
%固有频率显示在 App 界面上
app.w1EditField.Value=fn(1);
app.w2EditField.Value=fn(2);
app.w3EditField.Value=fn(3);
app.w4EditField.Value=fn(4);
app.Button_2.Enable='on';                 % 开启【模态振型】
```

④【模态振型】回调函数:

```
Q=app.Q;D=app.D;                          % 私有属性
X1=Q(:,1)./max(Q(:,1));
X2=Q(:,2)./max(Q(:,2));
X3=Q(:,3)./max(Q(:,3));
X4=Q(:,4)./max(Q(:,4));
V11=num2str(X1(1,1));
V12=num2str(X1(2,1));
V13=num2str(X1(3,1));
V14=num2str(X1(4,1));
app.X1TextArea.Value={V11,V12,V13,V14};
V21=num2str(X2(1,1));
V22=num2str(X2(2,1));
```

```
V23=num2str(X2(3,1));
V24=num2str(X2(4,1));
app.X2TextArea.Value={V21,V22,V23,V24};
V31=num2str(X3(1,1));
V32=num2str(X3(2,1));
V33=num2str(X3(3,1));
V34=num2str(X3(4,1));
app.X3TextArea.Value={V31,V32,V33,V34};
V41=num2str(X4(1,1));
V42=num2str(X4(2,1));
V43=num2str(X4(3,1));
V44=num2str(X4(4,1));
app.X4TextArea.Value={V41,V42,V43,V44};
cla(app.UIAxes_1);cla(app.UIAxes_2);cla(app.UIAxes_3);cla(app.UIAxes_4)
plot(app.UIAxes_1,[1 2 3 4],X1(:,1),'b','LineWidth',2)          % 1 阶模态振型图形
title(app.UIAxes_1,'1 阶模态振型')
plot(app.UIAxes_2,[1 2 3 4],X2(:,1),'b','LineWidth',2)          % 2 阶模态振型图形
title(app.UIAxes_2,'2 阶模态振型')
plot(app.UIAxes_3,[1 2 3 4],X3(:,1),'b','LineWidth',2)          % 3 阶模态振型图形
title(app.UIAxes_3,'3 阶模态振型')
plot(app.UIAxes_4,[1 2 3 4],X4(:,1),'b','LineWidth',2)          % 4 阶模态振型图形
title(app.UIAxes_4,'4 阶模态振型')
```

⑤【退出】回调函数：

```
sel=questdlg('确认关闭应用程序？','关闭确认,','Yes','No','No');
switch sel
case'Yes'
delete(app)
case'No'
end
```

4.4.3 四自由度车辆悬架系统幅频特性 MATLAB App 仿真

【仿真 4-10】 如图 4-17 所示四自由度车辆平面悬架系统模型，已知悬架系统车身质量为 m，车身绕质心转动惯量为 I，前轴质量为 m_1，后轴质量为 m_2，前悬架刚度为 k_4，后悬架刚度为 k_2，前轮胎刚度为 k_3，后轮胎刚度为 k_1，前悬架阻尼系数为 c_4，后悬架阻尼系数为 c_2，前轮胎阻尼系数为 c_3，后轮胎阻尼系数为 c_1，前轴到质心距离为 a，后轴到质心距离为 b。建立四自由度车辆悬架系统幅频特性的 MATLAB App 仿真。

（1）MATLAB App 窗口设计

四自由度车辆悬架系统幅频特性 MATLAB App 仿真窗口，如图 4-19 所示。

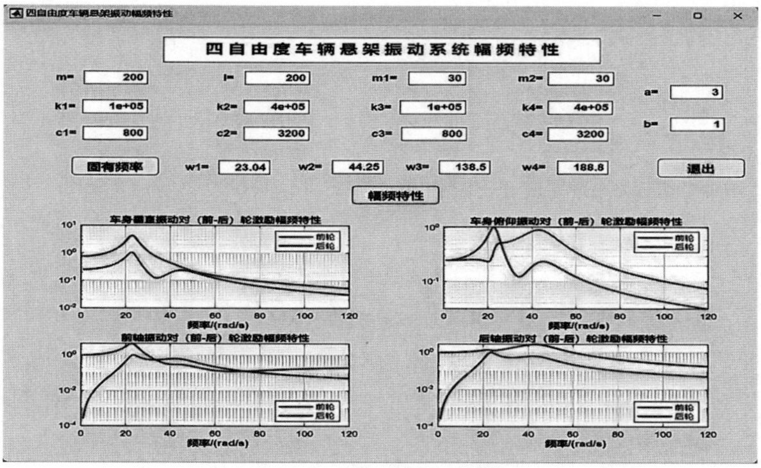

图 4-19　四自由度车辆悬架系统幅频特性 MATLAB App 仿真

（2）MATLAB App 窗口程序设计（appLU_Exam4_10）

① 私有属性创建：

```
properties(Access=private)
  % 私有属性具体含义见程序
  K1;K2;K3;K4;C1;C2;C3;C4;m;I;m1;m2;a;b;Q;D;M;K;C;Kt;Ct;
end
```

② 设置窗口启动回调函数：

```
app.Button_2.Enable='off';                     % 屏蔽【幅频特性】
```

③【固有频率】回调函数：

```
app.m=app.mEditField.Value;                    % m-质量
m=app.m;
app.I=app.IEditField.Value;                    % I-转动惯量
I=app.I;
app.m1=app.m1EditField.Value;                  % m1-质量
m1=app.m1;
app.m2=app.m2EditField.Value;                  % m2-质量
m2=app.m2;
app.K1=app.k1EditField.Value;                  % K1-刚度
K1=app.K1;
app.K2=app.k2EditField.Value;                  % K2-刚度
K2=app.K2;
app.K3=app.k3EditField.Value;                  % K3-刚度
K3=app.K3;
app.K4=app.k4EditField.Value;                  % K4-刚度
```

```
K4=app.K4;
app.C1=app.c1EditField.Value;                    % C1-阻尼系数
C1=app.C1;
app.C2=app.c2EditField.Value;                    % C2-阻尼系数
C2=app.C2;
app.C3=app.c3EditField.Value;                    % C3-阻尼系数
C3=app.C3;
app.C4=app.c4EditField.Value;                    % C4-阻尼系数
C4=app.C4;
app.a=app.aEditField.Value;                      % a-轴距
a=app.a;
app.b=app.bEditField.Value;                      % b-轴距
b=app.b;
% 车辆的质量矩阵和转动惯量矩阵
M=[m 0 0 0;
   0 I 0 0;
   0 0 m1 0;
   0 0 0 m2];
Kt=[0,0;0,0;K1,0;0,K3];                          % 轮胎刚度矩阵
Ct=[0,0;0,0;C1,0;0,C3];                          % 轮胎阻尼矩阵
% 车辆的刚度矩阵
K=[K2+K4,-b*K2+a*K4,-K2,-K4;
   -b*K2+a*K4,b^2*K2+a^2*K4,b*K2,-a*K4;
   -K2,b*K2,K2+K1,0;
   -K4,-a*K4,0,K3+K4];
% 车辆的阻尼矩阵
C=[C2+C4,-b*C2+a*C4,-C2,-C4;
   -b*C2+a*C4,b^2*C2+a^2*C4,b*C2,-a*C4;
   -C2,b*C2,C2+C1,0;
   -C4,-a*C4,0,C3+C4];
[A,d]=eig(inv(M)*K);                             % 主振型 A,固有角频率的平方 d
n=4;                                             % 自由度
for i=1:n
w(i)=d(i,i);                                     % 取对角线元素为固有角频率的平方
end
% 对固有角频率的平方进行由大到小的排序
for j=1:n-1
for i=j+1:n
if w(j)> w(i)
t=w(i);
```

```
w(i)=w(j);                                    % 对固有角频率进行由大到小的排序
w(j)=t;
end;end;end
fn=sqrt(w)/2/pi;                              % 四个固有频率(Hz)
app.Q=A;app.D=d;                              % 私有属性定义
%固有频率显示在 App 界面上
app.w1EditField.Value=fn(1);
app.w2EditField.Value=fn(2);
app.w3EditField.Value=fn(3);
app.w4EditField.Value=fn(4);
app.Button_2.Enable='on';                     % 开启【幅频特性】
```

④【幅频特性】回调函数：

```
Q=app.Q;D=app.D;M=app.M;K=app.K;              % 私有属性
C=app.C;Kt=app.Kt;Kt=app.Kt;Ct=app.Ct;        % 私有属性
% 求幅频特性
symsw                                         % 符号计算
h1=(-w*w).*M+(i*w).*C+K;
h2=inv(h1);                                   % 求逆
h3=Kt+(i*w).*Ct;
h4=h2*h3;
h4(1,1);                                      % 车身垂直振动对前轮激励的频率函数
h4(1,2);                                      % 车身垂直振动对后轮激励的频响函数
h4(2,1);                                      % 车身俯仰振动对前轮激励的频响函数
h4(2,2);                                      % 车身俯仰振动对后轮激励的频响函数
h4(3,1);                                      % 前轴振动对前轮激励的频响函数
h4(3,2);                                      % 前轴振动对后轮激励的频响函数
h4(4,1);                                      % 后轴振动对前轮激励的频响函数
h4(4,2);                                      % 后轴振动对后轮激励的频响函数
w1=1:1:120;                                   % 频率范围
cla(app.UIAxes_1);cla(app.UIAxes_2);cla(app.UIAxes_3);cla(app.UIAxes_4)
h611=subs(h4(1,1),w,w1);                      % 赋值
h61=double(h611);
h61=abs(h61);                                 % 幅频特性
h621=subs(h4(1,2),w,w1);                      % 赋值
h62=double(h621);
h62=abs(h62);
semilogy(app.UIAxes_1,w1,h61,'r',w1,h62,'b','linewidth',1.5)  %左上图幅频特性曲线
xlabel(app.UIAxes_1,'\bf 频率/(rad/s)')
title(app.UIAxes_1,'车身垂直振动对(前-后)轮激励幅频特性');
legend(app.UIAxes_1,'前轮','后轮');
```

```
h631=subs(h4(2,1),w,w1);                                           % 赋值
h63=double(h631);
h63=abs(h63);
h641=subs(h4(2,2),w,w1);                                           % 赋值
h64=double(h641);
h64=abs(h64);
semilogy(app.UIAxes_2,w1,h63,'r',w1,h64,'b','linewidth',1.5);  % 右上图幅频特性曲线
xlabel(app.UIAxes_2,'\bf 频率/(rad/s)')
title(app.UIAxes_2,'车身俯仰振动对(前-后)轮激励幅频特性');
legend(app.UIAxes_2,'前轮','后轮');
h651=subs(h4(3,1),w,w1);                                           % 赋值
h65=double(h651);
h65=abs(h65);
h661=subs(h4(3,2),w,w1);                                           % 赋值
h66=double(h661);
h66=abs(h66);
semilogy(app.UIAxes_3,w1,h65,'r',w1,h66,'b','linewidth',1.5);  % 左下图幅频特性曲线
xlabel(app.UIAxes_3,'\bf 频率/(rad/s)')
title(app.UIAxes_3,'前轴振动对(前-后)轮激励幅频特性');
legend(app.UIAxes_3,'前轮','后轮',"Location","southeast");
h671=subs(h4(4,1),w,w1);                                           % 赋值
h67=double(h671);
h67=abs(h67);
h681=subs(h4(4,2),w,w1);                                           % 赋值
h68=double(h681);
h68=abs(h68);
semilogy(app.UIAxes_4,w1,h67,'r',w1,h68,'b','linewidth',1.5);  % 右下图幅频特性曲线
xlabel(app.UIAxes_4,'\bf 频率/(rad/s)')
title(app.UIAxes_4,'后轴振动对(前-后)轮激励幅频特性');
legend(app.UIAxes_4,'前轮','后轮',"Location","southeast");
```

⑤【退出】回调函数：

```
sel=questdlg('确认关闭应用程序？','关闭确认,','Yes','No','No');
switch sel
case'Yes'
delete(app)
case'No'
end
```

4.5 七自由度车辆悬架系统分析与 MATLAB App 仿真

研究由路面输入产生的车辆侧倾，需要采用图 4-20 所示的七自由度整车悬架系统模型。

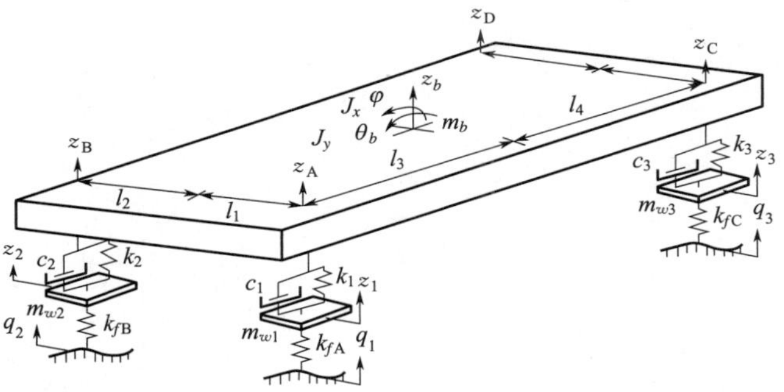

图 4-20　七自由度整车悬架系统模型（c_4、k_4、z_4、q_4、m_{w4}、k_{fD} 省略）

m_b—簧载质量；m_{w1}、m_{w2}、m_{w3}、m_{w4}—非簧载质量；J_x—侧倾角转动惯量；J_y—俯仰角转动惯量；
k_1、k_2、k_3、k_4—悬架刚度；k_{fA}、k_{fB}、k_{fC}、k_{fD}—轮胎刚度；c_1、c_2、c_3、c_4—悬架阻尼系数；
z_A、z_B、z_C、z_D—簧载质量垂向位移；z_1、z_2、z_3、z_4—非簧载质量垂向位移；φ—侧倾角；θ_b—俯仰角；
l_1—左悬架到质心距离；l_2—右悬架到质心距离；l_3—前悬架到质心距离；l_4—后悬架到质心距离；
z_b—簧载质量质心垂向位移；q_1、q_2、q_3、q_4—轮胎路面激励

假定车身是一个刚体（簧载质量 m_b），当车辆在水平面做匀速直线运动时，簧载质量 m_b 具有上下垂向运动（z_b）、前后俯仰运动（θ_b）、左右侧倾运动（φ）三个自由度，独立悬架的非簧载质量（两个前轮）分别具有垂向运动（z_1、z_2）两个自由度，独立悬架的非簧载质量（两个后轮）分别具有垂向运动（z_3、z_4）两个自由度，共七个自由度。

本节介绍七自由度车辆悬架系统及其 MATLAB App 设计仿真。

4.5.1　七自由度车辆悬架系统运动微分方程

整个车辆简化为七自由度悬架系统模型，如图 4-20 所示。对于真实车辆而言，这个模型已经非常简单了；但对于车辆基本行驶特性分析求解来说，七自由度模型的动力系统还是比较复杂的。应用牛顿运动定律，对车辆七自由度悬架系统模型建立运动微分方程。

簧载质量、侧倾角转动惯量和俯仰角转动惯量的牛顿定律运动微分方程为

$$m_b\ddot{z}_b=c_1(\dot{z}_A-\dot{z}_1)+k_1(z_A-z_1)+c_2(\dot{z}_B-\dot{z}_2)+k_2(z_B-z_2)+c_3(\dot{z}_C-\dot{z}_3)+k_3(z_C-z_3)+c_4(\dot{z}_D-\dot{z}_4)+k_4(z_D-z_4) \tag{4-56a}$$

$$J_y\ddot{\theta}_b=[c_3(\dot{z}_C-\dot{z}_3)+k_3(z_C-z_3)+c_4(\dot{z}_D-\dot{z}_4)+k_4(z_D-z_4)]l_4-[c_1(\dot{z}_A-\dot{z}_1)+k_1(z_A-z_1)+c_2(\dot{z}_B-\dot{z}_2)+k_2(z_B-z_2)]l_3 \tag{4-56b}$$

$$J_x\ddot{\varphi}=[c_1(\dot{z}_A-\dot{z}_1)+k_1(z_A-z_1)+c_2(\dot{z}_B-\dot{z}_2)+k_2(z_B-z_2)]l_2-[c_3(\dot{z}_C-\dot{z}_3)+k_3(z_C-z_3)+c_4(\dot{z}_D-\dot{z}_4)+k_4(z_D-z_4)]l_1 \tag{4-56c}$$

四个非簧载质量的垂向的牛顿定律运动微分方程为

$$m_{w1}\ddot{z}_1=k_{fA}(q_1-z_1)+k_1(z_A-z_1)+c_1(\dot{z}_A-\dot{z}_1) \tag{4-56d}$$

$$m_{w2}\ddot{z}_2=k_{fB}(q_2-z_2)+k_2(z_B-z_2)+c_2(\dot{z}_B-\dot{z}_2) \tag{4-56e}$$

$$m_{w3}\ddot{z}_3=k_{fC}(q_2-z_3)+k_1(z_C-z_3)+c_3(\dot{z}_C-\dot{z}_3) \tag{4-56f}$$

$$m_{w4}\ddot{z}_4=k_{f\mathrm{D}}(q_4-z_4)+k_1(z_{\mathrm{D}}-z_4)+c_4(\dot{z}_{\mathrm{D}}-\dot{z}_4) \tag{4-56g}$$

七自由度悬架系统的矩阵微分方程为

$$\boldsymbol{M}\ddot{\boldsymbol{Z}}+\boldsymbol{C}\dot{\boldsymbol{Z}}+\boldsymbol{K}\boldsymbol{Z}=\boldsymbol{K}_f\boldsymbol{Q} \tag{4-57}$$

式中

$$\boldsymbol{M}=\begin{bmatrix} m_b & 0 & 0 & 0 & 0 & 0 & 0 \\ 0 & J_y & 0 & 0 & 0 & 0 & 0 \\ 0 & 0 & J_x & 0 & 0 & 0 & 0 \\ 0 & 0 & 0 & m_{w1} & 0 & 0 & 0 \\ 0 & 0 & 0 & 0 & m_{w2} & 0 & 0 \\ 0 & 0 & 0 & 0 & 0 & m_{w3} & 0 \\ 0 & 0 & 0 & 0 & 0 & 0 & m_{w4} \end{bmatrix}$$

$$\boldsymbol{C}=\begin{bmatrix} c_1+c_2+c_3+c_4 & -l_1c_1+l_2c_2-l_1c_3+l_2c_4 & -l_3c_1-l_3c_2+l_4c_3+l_4c_4 & -c_1 & -c_2 & -c_3 & -c_4 \\ -l_1c_1+l_2c_2-l_1c_3+l_2c_4 & l_1^2c_1+l_2^2c_2+l_1^2c_3+l_2^2c_4 & l_1l_3c_1-l_2l_3c_2-l_1l_4c_3+l_2l_4c_4 & l_1c_1 & -l_2c_2 & l_1c_3 & -l_2c_4 \\ -l_3c_1-l_3c_2+l_4c_3+l_4c_4 & l_1l_3c_1-l_2l_3c_2-l_1l_4c_3+l_2l_4c_4 & l_3^2c_1+l_3^2c_2+l_4^2c_3+l_4^2c_4 & l_3c_1 & l_3c_2 & -l_4c_3 & -l_4c_4 \\ -c_1 & l_1c_1 & l_3c_1 & c_1 & 0 & 0 & 0 \\ -c_2 & -l_2c_2 & l_3c_2 & 0 & c_2 & 0 & 0 \\ -c_3 & l_1c_3 & -l_4c_3 & 0 & 0 & c_3 & 0 \\ -c_4 & -l_2c_4 & -l_4c_4 & 0 & 0 & 0 & c_4 \end{bmatrix}$$

$$\boldsymbol{K}=\begin{bmatrix} k_1+k_2+k_3+k_4 & -l_1k_1+l_2k_2-l_1k_3+l_2k_4 & -l_3k_1-l_3k_2+l_4k_3+l_4k_4 & -k_1 & -k_2 & -k_3 & -k_4 \\ -l_1k_1+l_2k_2-l_1k_3+l_2k_4 & l_1^2k_1+l_2^2k_2+l_1^2k_3+l_2^2k_4 & l_1l_3k_1-l_2l_3k_2-l_1l_4k_3+l_2l_4k_4 & l_1k_1 & -l_2k_2 & l_1k_3 & -l_2k_4 \\ -l_3k_1-l_3k_2+l_4k_3+l_4k_4 & l_1l_3k_1-l_2l_3k_2-l_1l_4k_3+l_2l_4k_4 & l_3^2k_1+l_3^2k_2+l_4^2k_3+l_4^2k_4 & l_3k_1 & l_3k_2 & -l_4k_3 & -l_4k_4 \\ -k_1 & l_1k_1 & l_3k_1 & k_1+k_{fA} & 0 & 0 & 0 \\ -k_2 & -l_2k_2 & l_3k_2 & 0 & k_1+k_{fB} & 0 & 0 \\ -k_3 & l_1k_3 & -l_4k_3 & 0 & 0 & k_1+k_{fC} & 0 \\ -k_4 & -l_2k_4 & -l_4k_4 & 0 & 0 & 0 & k_1+k_{fD} \end{bmatrix}$$

$$\boldsymbol{K}_f=\begin{bmatrix} 0 & 0 & 0 & 0 \\ 0 & 0 & 0 & 0 \\ 0 & 0 & 0 & 0 \\ k_{f\mathrm{A}} & 0 & 0 & 0 \\ 0 & k_{f\mathrm{B}} & 0 & 0 \\ 0 & 0 & k_{f\mathrm{C}} & 0 \\ 0 & 0 & 0 & k_{f\mathrm{D}} \end{bmatrix}$$

$$\boldsymbol{Z}=[z_b \quad \theta_b \quad \varphi \quad z_1 \quad z_2 \quad z_3 \quad z_4]^{\mathrm{T}}$$

$$\boldsymbol{Q}=[q_1 \quad q_2 \quad q_3 \quad q_4]^{\mathrm{T}}$$

可将七自由度悬架系统的矩阵微分方程［式(4-57)］用如下状态空间数学模型来表示：

$$\begin{bmatrix} C & M \\ M & 0 \end{bmatrix}\begin{bmatrix} \dot{Z} \\ \ddot{Z} \end{bmatrix}+\begin{bmatrix} K & 0 \\ 0 & -M \end{bmatrix}\begin{bmatrix} Z \\ \dot{Z} \end{bmatrix}=\begin{bmatrix} f \\ 0 \end{bmatrix} \tag{4-58}$$

简化表示为

$$X=\begin{bmatrix} Z \\ \dot{Z} \end{bmatrix};\ E=\begin{bmatrix} C & M \\ M & 0 \end{bmatrix};\ H=\begin{bmatrix} K & 0 \\ 0 & -M \end{bmatrix};\ f=K_fQ;\ F=\begin{bmatrix} f \\ 0 \end{bmatrix}$$

则

$$E\dot{X}+HX=F \tag{4-59}$$

$$\dot{X}=-E^{-1}HX+E^{-1}F \tag{4-60}$$

令 $A=-E^{-1}H$，$B=E^{-1}F$，则可表示成状态空间方程的标准形式

$$\dot{X}=-AX+B \tag{4-61a}$$

$$Y=CX+D \tag{4-61b}$$

输出向量 X 为

$$X=(z_b,\theta_b,\varphi,z_1,z_2,z_3,z_4,\dot{z}_b,\dot{\theta}_b,\dot{\varphi},\dot{z}_1,\dot{z}_2,\dot{z}_3,\dot{z}_4)^{\mathrm{T}} \tag{4-62}$$

由以上矩阵分析可知，系统的质量矩阵 M、阻尼矩阵 C、刚度矩阵 K 是 7×7 的大型方阵，状态方程系数矩阵 A、输入矩阵 B 为 14×14 的大型方阵，$f=K_fQ$ 是 7×1 的大型矩阵。

4.5.2 七自由度车辆悬架系统模态参数 MATLAB App 仿真

【仿真 4-11】 如图 4-20 所示七自由度整车悬架系统模型，已知系统质量矩阵 M、刚度矩阵 K、阻尼矩阵 C。建立七自由度车辆悬架系统模态参数的 MATLAB App 仿真。

（1）MATLAB App 窗口设计

七自由度车辆悬架振动系统模态参数 MATLAB App 仿真窗口，如图 4-21 所示。

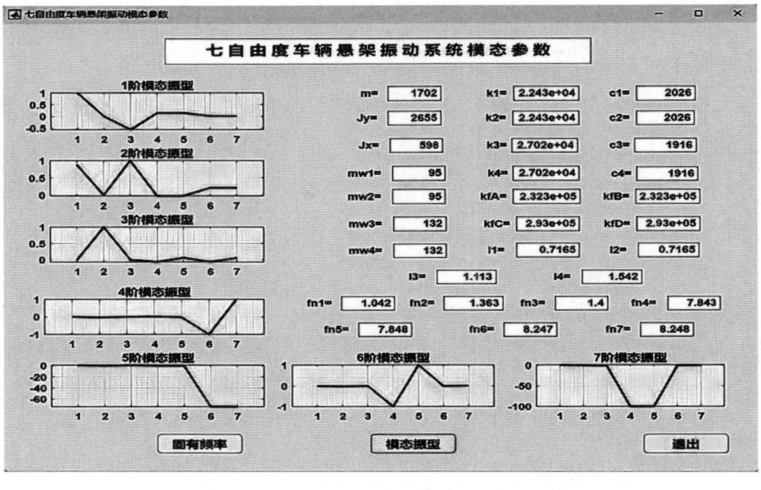

图 4-21 七自由度汽车悬架振动系统模态参数 MATLAB App 仿真

（2）MATLAB App 窗口程序设计（appLU_Exam4_11）

① 私有属性创建：

```
properties(Access=private)
    % 私有属性具体含义见程序
    k1;k2;k3;k4;c1;c2;c3;c4;m;Jy;Jx;
    m1;m2;m3;m4;kt1;kt2;kt3;kt4;
    l1;l2;l3;l4;Q;D;
    end
```

② 设置窗口启动回调函数：

```
app.Button_2.Enable='off';                                  % 屏蔽【模态振型】
```

③【固有频率】回调函数：

```
app.m=app.mEditField.Value;                                  % m-簧载质量
app.Jy=app.JyEditField.Value;                                % Jy-俯仰角转动惯量
app.Jx=app.JxEditField.Value;                                % Jx-侧倾角转动惯量
m=app.m;Jx=app.Jx;Jy=app.Jy;
app.m1=app.mw1EditField.Value;                               % m1-非簧载质量
app.m2=app.mw2EditField.Value;                               % m3-非簧载质量
app.m3=app.mw3EditField.Value;                               % m3-非簧载质量
app.m4=app.mw4EditField.Value;                               % m4-非簧载质量
m1=app.m1;m2=app.m2;m3=app.m3;m4=app.m4;
app.k1=app.k1EditField.Value;                                % k1-悬架刚度
app.k2=app.k2EditField.Value;                                % k2-悬架刚度
app.k3=app.k3EditField.Value;                                % k3-悬架刚度
app.k4=app.k4EditField.Value;                                % k4-悬架刚度
k1=app.k1;k2=app.k2;k3=app.k3;k4=app.k4;
app.c1=app.c1EditField.Value;                                % c1-阻尼系数
app.c2=app.c2EditField.Value;                                % c2-阻尼系数
app.c3=app.c3EditField.Value;                                % c3-阻尼系数
app.c4=app.c4EditField.Value;                                % c4-阻尼系数
c1=app.c1;c2=app.c2;c3=app.c3;c4=app.c4;
app.kt1=app.kfAEditField.Value;                              % kt1-轮胎刚度
kt1=app.kt1;
app.kt2=app.kfBEditField.Value;                              % kt2-轮胎刚度
kt2=app.kt2;
app.kt3=app.kfCEditField.Value;                              % kt3-轮胎刚度
kt3=app.kt3;
app.kt4=app.kfDEditField.Value;                              % kt4-轮胎刚度
```

```
kt4=app.kt4;
app.l1=app.l1EditField.Value;                               % l1-车身尺寸
l1=app.l1;
app.l2=app.l2EditField.Value;                               % l2-车身尺寸
l2=app.l2;
app.l3=app.l3EditField.Value;                               % l3-车身尺寸
l3=app.l3;
app.l4=app.l4EditField.Value;                               % l4-车身尺寸
l4=app.l4;
% M-质量矩阵
M=[m 0 0 0 0 0 0;...
   0 Jx 0 0 0 0 0;...
   0 0 Jy 0 0 0 0;...
   0 0 0 m1 0 0 0;...
   0 0 0 0 m2 0 0;...
   0 0 0 0 0 m3 0;...
   0 0 0 0 0 0 m4];
app.M=M;                                                    % M的私有属性
% C-阻尼矩阵
C=[c1+c2+c3+c4,-l1*c1+l2*c2-l1*c3+l2*c4,-l3*c1-l3*c2+l4*c3+l4*c4,-c1,
-c2,-c3,-c4;...
   -l1*c1+l2*c2-l1*c3+l2*c4,l1*l1*c1+l2*l2*c2+l1*l1*c3+l2*l2*c4,l1*
l3*c1...
   -l2*l3*c2-l1*l4*c3+l2*l4*c4,l1*c1,-l2*c2,l1*c3,-l2*c4;...
   -l3*c1-l3*c2+l4*c3+l4*c4,l1*l3*c1-l2*l3*c2-l1*l4*c3+l2*l4*c4,...
   l3*l3*c1+l3*l3*c2+l4*l4*c3+l4*l4*c4,l3*c1,l3*c2,-l4*c3,-l4*c4;...
   -c1,l1*c1,l3*c1,c1,0,0,0;...
   -c2,-l2*c2,l3*c2,0,c2,0,0;...
   -c3,l1*c3,-l4*c3,0,0,c3,0;...
   -c4,-l2*c4,-l4*c4,0,0,0,c4];
app.C=C;                                                    % C的私有属性
% K-刚度矩阵(包括轮胎的刚度kt)
K=[k1+k2+k3+k4,-l1*k1+l2*k2-l1*k3+l2*k4,-l3*k1-l3*k2+l4*k3+l4*k4,-k1,
-k2,-k3,-k4;...
   -l1*k1+l2*k2-l1*k3+l2*k4,l1*l1*k1+l2*l2*k2+l1*l1*k3+l2*l2*k4,...
   l1*l3*k1-l2*l3*k2-l1*l4*k3+l2*l4*k4,l1*k1,-l2*k2,l1*k3,-l2*k4;...
   -l3*k1-l3*k2+l4*k3+l4*k4,l1*l3*k1-l2*l3*k2-l1*l4*k3+l2*l4*k4,..
   l3*l3*k1+l3*l3*k2+l4*l4*k3+l4*l4*k4,l3*k1,l3*k2,-l4*k3,-l4*k4;...
   -k1,l1*k1,l3*k1,k1+kt1,0,0,0;...
```

```
    -k2,-l2*k2,l3*k2,0,k2+kt2,0,0;...
    -k3,l1*k3,-l4*k3,0,0,k3+kt3,0;...
    -k4,-l2*k4,-l4*k4,0,0,0,k4+kt4];
app.K=K;                                    % K的私有属性
H=inv(M)*K;                                 % H的维数取决于M,K
[A,d]=eig(H);                               % 计算特征值和特征向量
n=size(H);                                  % n的维数与H的相同
for i=1:n
w(i)=d(i,i);                                % 取对角线元素为固有角频率的平方
A(:,i)=A(:,i)/A(1,i);                       % 矩阵A各列对第一行元素进行归一化,获得各阶主振型
end
% 对固有角频率的平方进行由大到小的排序
for j=1:n-1
for i=j+1:n
if w(j)> w(i)
t=w(i);
w(i)=w(j);                                  % 对固有角频率进行由大到小的排序
w(j)=t;
q=A(:,i);
A(:,i)=A(:,j);                              % 对应各自固有角频率和主振型进行排序
A(:,j)=q;
end;end;end
fn=sqrt(w)/2/pi;                            % 七个固有频率(Hz)
app.Q=A;app.D=d;                            % 私有属性
%固有频率显示在App界面上
app.fn1EditField.Value=fn(1);
app.fn2EditField.Value=fn(2);
app.fn3EditField.Value=fn(3);
app.fn4EditField.Value=fn(4);
app.fn5EditField.Value=fn(5);
app.fn6EditField.Value=fn(6);
app.fn7EditField.Value=fn(7);
app.Button_2.Enable='on';                   % 开启【模态振型】
```

④【模态振型】回调函数:

```
% 绘制各阶模态振型
Q=app.Q;D=app.D;                            % 私有属性
X1=Q(:,1)./max(Q(:,1));X2=Q(:,2)./max(Q(:,2));X3=Q(:,3)./max(Q(:,3));
X4=Q(:,4)./max(Q(:,4));X5=Q(:,5)./max(Q(:,5));X6=Q(:,6)./max(Q(:,6));
X7=Q(:,7)./max(Q(:,7));
```

```
cla(app.UIAxes_1);cla(app.UIAxes_2);cla(app.UIAxes_3);cla(app.UIAxes_4)
plot(app.UIAxes_1,[1 2 3 4 5 6 7],X1(:,1),'b','LineWidth',2)      % 1阶模态振型曲线
title(app.UIAxes_1,'1阶模态振型')
plot(app.UIAxes_2,[1 2 3 4 5 6 7],X2(:,1),'b','LineWidth',2)      % 2阶模态振型曲线
title(app.UIAxes_2,'2阶模态振型')
plot(app.UIAxes_3,[1 2 3 4 5 6 7],X3(:,1),'b','LineWidth',2)      % 3阶模态振型曲线
title(app.UIAxes_3,'3阶模态振型')
plot(app.UIAxes_4,[1 2 3 4 5 6 7],X4(:,1),'b','LineWidth',2)      % 4阶模态振型曲线
title(app.UIAxes_4,'4阶模态振型')
plot(app.UIAxes_5,[1 2 3 4 5 6 7],X5(:,1),'b','LineWidth',2)      % 5阶模态振型曲线
title(app.UIAxes_5,'5阶模态振型')
plot(app.UIAxes_6,[1 2 3 4 5 6 7],X6(:,1),'b','LineWidth',2)      % 6阶模态振型曲线
title(app.UIAxes_6,'6阶模态振型')
plot(app.UIAxes_7,[1 2 3 4 5 6 7],X7(:,1),'b','LineWidth',2)      % 7阶模态振型曲线
title(app.UIAxes_7,'7阶模态振型')
```

⑤【退出】回调函数：

```
sel=questdlg('确认关闭应用程序？','关闭确认,','Yes','No','No');
switch sel
case'Yes'
delete(app)
case'No'
end
```

4.5.3 七自由度车辆悬架系统幅频特性 MATLAB App 仿真

【仿真 4-12】 如图 4-20 所示七自由度整车悬架系统模型，已知系统质量矩阵 ***M***、刚度矩阵 ***K***、阻尼矩阵 ***C***。建立七自由度车辆悬架系统幅频特性的 MATLAB App 仿真。

（1）MATLAB App 窗口设计

七自由度车辆悬架振动系统幅频特性 MATLAB App 仿真窗口，如图 4-22 所示。

（2）MATLAB App 窗口程序设计（appLU_Exam4_12）

① 私有属性创建：

```
properties(Access = private)
  % 私有属性具体含义见程序
  k1;k2;k3;k4;c1;c2;c3;c4;m;Jy;Jx;
  m1;m2;m3;m4;kt1;kt2;kt3;kt4;
  l1;l2;l3;l4;Q;D;M;C;K;w;
end
```

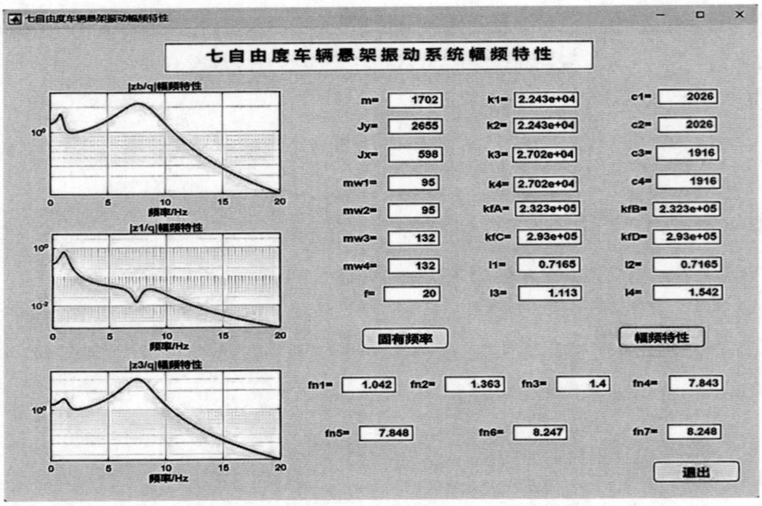

图 4-22 七自由度车辆悬架振动系统幅频特性 MATLAB App 仿真

② 设置窗口启动回调函数：

```
app.Button_2.Enable='off';                                  % 屏蔽【幅频特性】
```

③【固有频率】回调函数：

```
% 模态频率计算
app.m=app.mEditField.Value;                                 % m-簧载质量
app.Jy=app.JyEditField.Value;                               % Jy-俯仰角转动惯量
app.Jx=app.JxEditField.Value;                               % Jx-侧倾角转动惯量
m=app.m;Jy=app.Jy;Jx=app.Jx;
app.m1=app.mw1EditField.Value;                              % m1-非簧载质量
app.m2=app.mw2EditField.Value;                              % m3-非簧载质量
app.m3=app.mw3EditField.Value;                              % m3-非簧载质量
app.m4=app.mw4EditField.Value;                              % m4-非簧载质量
m1=app.m1;m2=app.m2;m3=app.m3;m4=app.m4;
app.k1=app.k1EditField.Value;                               % k1-悬架刚度
app.k2=app.k2EditField.Value;                               % k2-悬架刚度
app.k3=app.k3EditField.Value;                               % k3-悬架刚度
app.k4=app.k4EditField.Value;                               % k4-悬架刚度
k1=app.k1;k2=app.k2;k3=app.k3;k4=app.k4;
app.c1=app.c1EditField.Value;                               % c1-阻尼系数
app.c2=app.c2EditField.Value;                               % c2-阻尼系数
app.c3=app.c3EditField.Value;                               % c3-阻尼系数
app.c4=app.c4EditField.Value;                               % c4-阻尼系数
c1=app.c1;c2=app.c2;c3=app.c3;c4=app.c4;
app.kt1=app.kfAEditField.Value;                             % kt1-轮胎刚度
```

```
kt1=app.kt1;
app.kt2=app.kfBEditField.Value;                         % kt2-轮胎刚度
kt2=app.kt2;
app.kt3=app.kfCEditField.Value;                         % kt3-轮胎刚度
kt3=app.kt3;
app.kt4=app.kfDEditField.Value;                         % kt4-轮胎刚度
kt4=app.kt4;
app.l1=app.l1EditField.Value;                           % l1-车身尺寸
l1=app.l1;
app.l2=app.l2EditField.Value;                           % l2-车身尺寸
l2=app.l2;
app.l3=app.l3EditField.Value;                           % l3-车身尺寸
l3=app.l3;
app.l4=app.l4EditField.Value;                           % l4-车身尺寸
l4=app.l4;
% M-质量矩阵
M=[m 0 0 0 0 0 0;...
   0 Jx 0 0 0 0 0;...
   0 0 Jy 0 0 0 0;...
   0 0 0 m1 0 0 0;...
   0 0 0 0 m2 0 0;...
   0 0 0 0 0 m3 0;...
   0 0 0 0 0 0 m4];
app.M=M;                                                % M的私有属性
% C-阻尼矩阵
C=[c1+c2+c3+c4,-l1*c1+l2*c2-l1*c3+l2*c4,-l3*c1-l3*c2+l4*c3+l4*c4,-c1,
-c2,-c3,-c4;...
  -l1*c1+l2*c2-l1*c3+l2*c4,l1*l1*c1+l2*l2*c2+l1*l1*c3+l2*l2*c4,...
  l1*l3*c1-l2*l3*c2-l1*l4*c3+l2*l4*c4,l1*c1,-l2*c2,l1*c3,-l2*c4;...
  -l3*c1-l3*c2+l4*c3+l4*c4,l1*l3*c1-l2*l3*c2-l1*l4*c3+l2*l4*c4,...
  l3*l3*c1+l3*l3*c2+l4*l4*c3+l4*l4*c4,l3*c1,l3*c2,-l4*c3,-l4*c4;...
  -c1,l1*c1,l3*c1,c1,0,0,0;...
  -c2,-l2*c2,l3*c2,0,c2,0,0;...
  -c3,l1*c3,-l4*c3,0,0,c3,0;...
  -c4,-l2*c4,-l4*c4,0,0,0,c4];
app.C=C;                                                % C的私有属性
% K-刚度矩阵(包括轮胎的刚度kt)
K=[k1+k2+k3+k4,-l1*k1+l2*k2-l1*k3+l2*k4,-l3*k1-l3*k2+l4*k3+l4*k4,-k1,
-k2,-k3,-k4;...
  -l1*k1+l2*k2-l1*k3+l2*k4,l1*l1*k1+l2*l2*k2+l1*l1*k3+l2*l2*k4,..
```

```
  l1*l3*k1-l2*l3*k2-l1*l4*k3+l2*l4*k4,l1*k1,-l2*k2,l1*k3,-l2*k4;...
  -l3*k1-l3*k2+l4*k3+l4*k4,l1*l3*k1-l2*l3*k2-l1*l4*k3+l2*l4*k4,..
  l3*l3*k1+l3*l3*k2+l4*l4*k3+l4*l4*k4,l3*k1,l3*k2,-l4*k3,-l4*k4;...
  -k1,l1*k1,l3*k1,k1+kt1,0,0,0;...
  -k2,-l2*k2,l3*k2,0,k2+kt2,0,0;...
  -k3,l1*k3,-l4*k3,0,0,k3+kt3,0;...
  -k4,-l2*k4,-l4*k4,0,0,0,k4+kt4];
app.K=K;                        % K的私有属性
H=inv(M)*K;                     % H的维数取决于M、K
[A,d]=eig(H);                   % 特征值和特征向量,A各列为主振型,d对角线为固有角频率的平方
n=size(H);                      % n的维数与H的相同
for i=1:n
w(i)=d(i,i);                    % 取对角线元素为固有角频率的平方
A(:,i)=A(:,i)/A(1,i);           % 矩阵A各列对第一行元素进行归一化,获得各阶主振型
end
% 对固有角频率的平方进行由大到小的排序
for j=1:n-1
for i=j+1:n
if w(j)> w(i)
t=w(i);
w(i)=w(j);                      % 对固有角频率进行由大到小的排序
w(j)=t;
q=A(:,i);
A(:,i)=A(:,j);                  % 对应各自固有角频率和主振型进行排序
A(:,j)=q;
end;end;end
fn=sqrt(w)/2/pi;                % 7个固有频率(Hz)
app.Q=A;                        % Q私有属性定义
app.D=d;                        % D私有属性定义
%固有频率显示在App界面上
app.fn1EditField.Value=fn(1);
app.fn2EditField.Value=fn(2);
app.fn3EditField.Value=fn(3);
app.fn4EditField.Value=fn(4);
app.fn5EditField.Value=fn(5);
app.fn6EditField.Value=fn(6);
app.fn7EditField.Value=fn(7);
app.Button_2.Enable='on';  % 开启【幅频特性】
```

④【幅频特性】回调函数：

```
% 绘制幅频特性曲线
f1=app.fEditField.Value;                         % f1-幅频特性频率(Hz)范围
Q=app.Q;                                         % Q私有属性
D=app.D;                                         % D私有属性
M=app.M;                                         % M私有属性
kt1=app.kt1;                                     % kt1私有属性
kt2=app.kt2;                                     % kt2私有属性
kt3=app.kt3;                                     % kt3私有属性
kt4=app.kt4;                                     % k43私有属性
C=app.C;                                         % C私有属性
K=app.K;                                         % K私有属性
l7=zeros(7,7);
a=[C M;M l7];
b=[K l7;l7 -M];
% 状态方程
A=-inv(a)*b;                                     % A矩阵
l34=zeros(3,4);
l74=zeros(7,4);
KT=[l34;...
  kt1 0 0 0;...
  0 kt2 0 0;...
  0 0 kt3 0;...
  0 0 0 kt4;...
  l74];
B=inv(a)*KT;                                     % B矩阵
CC=[1 0 0 1 0 1 0 0 0 0 0 0 0 0];                % CC输出矩阵(zb、z1、z3)
D=zeros(1,4);                                    % D矩阵
% 四输入(q1、q2、q3、q4)三输出(zb、z1、z3)系统传递函数
[MUN1,DEN1]=ss2tf(A,B,CC,D,1);                   % q-zb状态方程转化为传递函数
[MUN2,DEN2]=ss2tf(A,B,CC,D,2);                   % q-z1状态方程转化为传递函数
[MUN3,DEN3]=ss2tf(A,B,CC,D,3);                   % q-z3状态方程转化为传递函数
f=0.1:0.5:f1*2*pi;                               % 角频率范围
G1=polyval(MUN1,j*f)./polyval(DEN1,j*f);         % 传递函数-q-zb
G2=polyval(MUN2,j*f)./polyval(DEN2,j*f);         % 传递函数-q-z1
G3=polyval(MUN3,j*f)./polyval(DEN3,j*f);         % 传递函数-q-z3
mag1=abs(G1);mag2=abs(G2);mag3=abs(G3);          % 幅频特性
cla(app.UIAxes_1);cla(app.UIAxes_2);cla(app.UIAxes_3) % 清除原有图形
semilogy(app.UIAxes_1,f,mag1,'r','linewidth',2)  % 绘制上图
ylim(app.UIAxes_1,[0,3]);xlabel(app.UIAxes_1,'\bf 频率/Hz')
```

```
title(app.UIAxes_1,'|zb/q|幅频特性')
semilogy(app.UIAxes_2,f,mag2,'b','linewidth',2)        % 绘制中图
ylim(app.UIAxes_2,[0,3]);xlabel(app.UIAxes_2,'\bf 频率/Hz')
title(app.UIAxes_2,'|z1/q|幅频特性')
semilogy(app.UIAxes_3,f,mag3,'r','linewidth',2)        % 绘制下图
ylim(app.UIAxes_3,[0,3]);xlabel(app.UIAxes_3,'\bf 频率/Hz')
title(app.UIAxes_3,'|z3/q|幅频特性')
```

⑤【退出】回调函数：

```
sel=questdlg('确认关闭应用程序? ','关闭确认,','Yes','No','No');
switch sel
case'Yes'
delete(app)
case'No'
end
```

4.6 曲轴磨床系统振动分析与 MATLAB App 仿真

图 4-23 所示为一台曲轴磨床的简图。将曲轴磨床整机结构离散成若干个集中质量的子结构，子结构之间由等效弹簧和等效阻尼连接起来，构成了图 4-24 所示的具有有限个自由度的曲轴磨床多自由度线性振动系统力学模型。简化过程中考虑到影响加工精度最严重的是动力响应的水平方向分量，因此物理坐标都取在水平方向上。又考虑到头、尾架与上、下工作台都紧固连接，相对位移极小，故将其视为一体。由于床身的实测振幅很小，可以看作直接接地。然后按此离散模型建立对应的多自由度振动系统运动微分方程组，由于直接求解这个运动微分方程组的计算过程相当烦琐，较难应用，特别是当方程组内部存在耦合时，计算工作量更为繁重，因此，采用振动的模态分析方法进行分析计算是较为适合的。

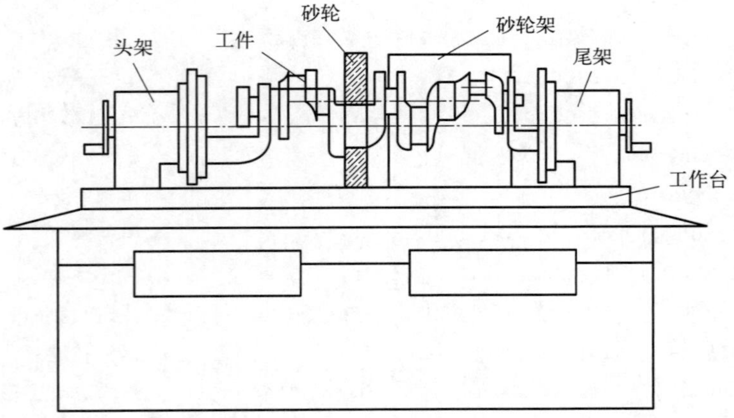

图 4-23　曲轴磨床简图

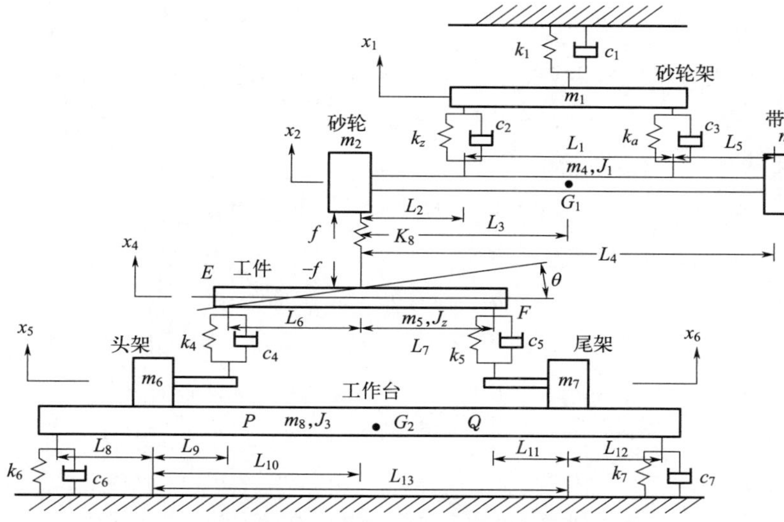

图 4-24　曲轴磨床多自由度线性振动系统力学模型简图

本节介绍曲轴磨床振动系统及其 MATLAB App 设计仿真。

4.6.1　七自由度曲轴磨床系统运动微分方程

图 4-24 所示系统有七个自由度，分别为 x_1、x_2、x_3、x_4、θ、x_5、x_6，具体含义如下：

x_1 为砂轮架位移；x_2 为砂轮位移；x_3 为带轮位移；x_4 为工件位移；x_5 为头架位移；x_6 为尾架位移；θ 为工件转角。

曲轴磨床各子结构的质量 m、转动惯量 J、刚度 k、阻尼系数 c 和几何尺寸 L 均如图 4-24 所示。

采用拉格朗日方程建立系统的运动微分方程，即

曲轴磨床系统在同一瞬时的动能为 $T(\dot{x}_1,\dot{x}_2,\cdots,\dot{x}_7)$；

曲轴磨床系统在同一瞬时的势能为 $V(x_1,x_2,\cdots,x_7)$；

拉格朗日函数 $L(x_1,x_2,\cdots,x_7,\dot{x}_1,\dot{x}_2,\cdots,\dot{x}_7)$为

$$L=T-V$$

分别写出整机系统的动能 T、势能 V、非保守力在广义坐标变分上的虚功 U：

$$T=\sum_{i=1}^{7}\left(\frac{1}{2}m_i\dot{x}_i^2+\frac{1}{2}J_i\dot{\theta}_i^2\right)\quad i=1,2,\cdots,7 \tag{4-63a}$$

$$V=\sum_{i=1}^{7}\frac{1}{2}k_ix_i^2\quad i=1,2,\cdots,7 \tag{4-63b}$$

$$U=\sum_{i=1}^{7}-c_i\dot{x}_i\mathrm{d}x_i=\sum_{i=1}^{7}Q_i\mathrm{d}x_i\quad i=1,2,\cdots,7 \tag{4-63c}$$

拉格朗日方程为

$$\frac{\mathrm{d}}{\mathrm{d}t}\left(\frac{\partial L}{\partial \dot{x}_i}\right)-\frac{\partial L}{\partial x_i}=Q_i \quad i=1,2,\cdots,7 \tag{4-64}$$

将 T、V 和 U 代入拉格朗日方程，运算后得到系统的矩阵微分方程，即

$$\boldsymbol{M}\ddot{\boldsymbol{x}}(t)+\boldsymbol{C}\dot{\boldsymbol{x}}(t)+\boldsymbol{K}\boldsymbol{x}(t)=\boldsymbol{F}(t) \tag{4-65}$$

频率响应输出为

$$\boldsymbol{u}=(\boldsymbol{K}-\omega^2\boldsymbol{M}+\mathrm{j}\omega\boldsymbol{C})^{-1}\boldsymbol{F}_0 \tag{4-66}$$

激振力向量 $\boldsymbol{F}(t)=[0 \quad F\mathrm{e}^{\mathrm{j}\omega t} \quad 0 \quad -F\mathrm{e}^{\mathrm{j}\omega t} \quad 0 \quad 0 \quad 0]^{\mathrm{T}}$

质量矩阵

$$\boldsymbol{M}=\begin{bmatrix} m_{11} & m_{12} & m_{13} & m_{14} & m_{15} & m_{16} & m_{17} \\ m_{21} & m_{22} & m_{23} & m_{24} & m_{25} & m_{26} & m_{27} \\ m_{31} & m_{32} & m_{33} & m_{34} & m_{35} & m_{36} & m_{37} \\ m_{41} & m_{42} & m_{43} & m_{44} & m_{45} & m_{46} & m_{47} \\ m_{51} & m_{52} & m_{53} & m_{54} & m_{55} & m_{56} & m_{57} \\ m_{61} & m_{62} & m_{63} & m_{64} & m_{65} & m_{66} & m_{67} \\ m_{71} & m_{72} & m_{73} & m_{74} & m_{75} & m_{76} & m_{77} \end{bmatrix}$$

刚度矩阵

$$\boldsymbol{K}=\begin{bmatrix} k_{11} & k_{12} & k_{13} & k_{14} & k_{15} & k_{16} & k_{17} \\ k_{21} & k_{22} & k_{23} & k_{24} & k_{25} & k_{26} & k_{27} \\ k_{31} & k_{32} & k_{33} & k_{34} & k_{35} & k_{36} & k_{37} \\ k_{41} & k_{42} & k_{43} & k_{44} & k_{45} & k_{46} & k_{47} \\ k_{51} & k_{52} & k_{53} & k_{54} & k_{55} & k_{56} & k_{57} \\ k_{61} & k_{62} & k_{63} & k_{64} & k_{65} & k_{66} & k_{67} \\ k_{71} & k_{72} & k_{73} & k_{74} & k_{75} & k_{76} & k_{77} \end{bmatrix}$$

阻尼矩阵

$$\boldsymbol{C}=\begin{bmatrix} c_{11} & c_{12} & c_{13} & c_{14} & c_{15} & c_{16} & c_{17} \\ c_{21} & c_{22} & c_{23} & c_{24} & c_{25} & c_{26} & c_{27} \\ c_{31} & c_{32} & c_{33} & c_{34} & c_{35} & c_{36} & c_{37} \\ c_{41} & c_{42} & c_{43} & c_{44} & c_{45} & c_{46} & c_{47} \\ c_{51} & c_{52} & c_{53} & c_{54} & c_{55} & c_{56} & c_{57} \\ c_{61} & c_{62} & c_{63} & c_{64} & c_{65} & c_{66} & c_{67} \\ c_{71} & c_{72} & c_{73} & c_{74} & c_{75} & c_{76} & c_{77} \end{bmatrix}$$

质量矩阵 $\boldsymbol{M}$ 中各元素的具体值为

$$m_{11}=m_1$$

$$m_{22}=m_2+\left(\frac{L_4-L_3}{L_4}\right)^2 m_4+\frac{J_1}{L_4^2}$$

$$m_{33}=m_3+\left(\frac{L_3}{L_4}\right)^2 m_4+\frac{J_1}{L_4^2}$$

$$m_{44}=m_5$$

$$m_{55}=J_2$$

$$m_{66}=m_6+\left(\frac{L_{13}-L_{10}}{L_{13}}\right)^2 m_8+\frac{J_3}{L_{13}^2}$$

$$m_{77}=m_7+\left(\frac{L_{10}}{L_{13}}\right)^2 m_8+\frac{J_3}{L_{13}^2}$$

$$m_{23}=m_{32}=\frac{(L_4-L_3)L_3}{L_4^2}m_4-\frac{J_1}{L_4^2}$$

$$m_{67}=m_{76}=\frac{(L_{13}-L_{10})L_{10}}{L_{13}^2}m_8-\frac{J_3}{L_{13}^2}$$

各子结构质量、综合刚度、几何尺寸、转动惯量见表 4-1～表 4-4，质量矩阵 $\boldsymbol{M}$ 中的其余元素都等于零。

可得质量矩阵 $\boldsymbol{M}$ 为

$$\boldsymbol{M}=\begin{bmatrix} m_{11} & 0 & 0 & 0 & 0 & 0 & 0 \\ 0 & m_{22} & m_{23} & 0 & 0 & 0 & 0 \\ 0 & m_{32} & m_{33} & 0 & 0 & 0 & 0 \\ 0 & 0 & 0 & m_{44} & 0 & 0 & 0 \\ 0 & 0 & 0 & 0 & m_{55} & 0 & 0 \\ 0 & 0 & 0 & 0 & 0 & m_{66} & m_{67} \\ 0 & 0 & 0 & 0 & 0 & m_{76} & m_{77} \end{bmatrix} \tag{4-67}$$

刚度矩阵 $\boldsymbol{K}$ 中各元素的具体值为

$$k_{11}=k_1+k_2+k_3$$

$$k_{22}=\left(\frac{L_4-L_2}{L_4}\right)^2 k_2+\left(\frac{L_5}{L_4}\right)^2 k_3+k_8$$

$$k_{33}=\left(\frac{L_2}{L_4}\right)^2 k_2+\left(\frac{L_4-L_5}{L_4}\right)^2 k_3$$

$$k_{44}=k_4+k_5+k_8$$

$$k_{55}=L_6^2 k_4+L_7^2 k_5$$

$$k_{66}=\left(\frac{L_{13}-L_9}{L_{13}}\right)^2 k_4+\left(\frac{L_{11}}{L_{13}}\right)^2 k_5+\left(\frac{L_{13}+L_8}{L_{13}}\right)^2 k_6+\left(\frac{L_{12}}{L_{13}}\right)^2 k_7$$

$$k_{77}=\left(\frac{L_9}{L_{13}}\right)^2 k_4+\left(\frac{L_{13}-L_{11}}{L_{13}}\right)^2 k_5+\left(\frac{L_8}{L_{13}}\right)^2 k_6+\left(\frac{L_{13}+L_{12}}{L_{13}}\right)^2 k_7$$

$$k_{12}=k_{21}=-\frac{L_4-L_2}{L_4}k_2-\frac{L_5}{L_4}k_3$$

$$k_{13}=k_{31}=-\frac{L_2}{L_4}k_2-\frac{L_4-L_5}{L_4}k_3$$

$$k_{23}=k_{32}=\frac{(L_4-L_2)L_2}{L_4^2}k_2+\frac{(L_4-L_5)L_5}{L_4^2}k_3$$

$$k_{24}=k_{42}=-k_8$$

$$k_{45}=k_{54}=-L_6 k_4+L_7 k_5$$

$$k_{46}=k_{64}=-\frac{L_{13}-L_9}{L_{13}}k_4-\frac{L_{11}}{L_{13}}k_5$$

$$k_{47}=k_{74}=-\frac{L_9}{L_{13}}k_4-\frac{L_{13}-L_{11}}{L_{13}}k_5$$

$$k_{56}=k_{65}=\frac{(L_{13}-L_9)L_6}{L_{13}}k_4-\frac{L_{11}L_7}{L_{13}}k_5$$

$$k_{57}=k_{75}=\frac{L_9L_6}{L_{13}}k_4-\frac{(L_{13}-L_{11})L_7}{L_{13}}k_5$$

$$k_{67}=k_{76}=\frac{(L_{13}-L_9)L_9}{L_{13}^2}k_4+\frac{(L_{13}-L_{11})L_{11}}{L_{13}^2}k_5-\frac{(L_{13}+L_8)L_8}{L_{13}^2}k_6-\frac{(L_{13}+L_{12})L_{12}}{L_{13}^2}k_7$$

各子结构刚度见表 4-2，刚度矩阵 $\boldsymbol{K}$ 中的其余元素都等于零。

可得刚度矩阵 $\boldsymbol{K}$ 为

$$\boldsymbol{K}=\begin{bmatrix} k_{11} & k_{12} & k_{13} & 0 & 0 & 0 & 0 \\ k_{21} & k_{22} & k_{23} & k_{24} & 0 & 0 & 0 \\ k_{31} & k_{32} & k_{33} & 0 & 0 & 0 & 0 \\ 0 & k_{42} & 0 & k_{44} & k_{45} & k_{46} & k_{47} \\ 0 & 0 & 0 & k_{54} & k_{55} & k_{56} & k_{57} \\ 0 & 0 & 0 & k_{64} & k_{65} & k_{66} & k_{67} \\ 0 & 0 & 0 & k_{74} & k_{75} & k_{76} & k_{77} \end{bmatrix} \tag{4-68}$$

阻尼矩阵 $\boldsymbol{C}$ 中各元素的具体值为

$$c_{11}=c_1+c_2+c_3$$

$$c_{22}=\left(\frac{L_4-L_2}{L_4}\right)^2c_2+\left(\frac{L_5}{L_4}\right)^2c_3$$

$$c_{33}=\left(\frac{L_2}{L_4}\right)^2c_2+\left(\frac{L_4-L_5}{L_4}\right)^2c_3$$

$$c_{44}=c_4+c_5$$

$$c_{55}=L_6^2c_4+L_7^2c_5$$

$$c_{66}=\left(\frac{L_{13}-L_9}{L_{13}}\right)^2c_4+\left(\frac{L_{11}}{L_{13}}\right)^2c_5+\left(\frac{L_{13}+L_8}{L_{13}}\right)^2c_6+\left(\frac{L_{12}}{L_{13}}\right)^2c_7$$

$$c_{77}=\left(\frac{L_9}{L_{13}}\right)^2c_4+\left(\frac{L_{13}-L_{11}}{L_{13}}\right)^2c_5+\left(\frac{L_8}{L_{13}}\right)^2c_6+\left(\frac{L_{13}+L_{12}}{L_{13}}\right)^2c_7$$

$$c_{12}=c_{21}=-\frac{L_4-L_2}{L_4}c_2-\frac{L_5}{L_4}c_3$$

$$c_{13}=c_{31}=-\frac{L_2}{L_4}c_2-\frac{L_4-L_5}{L_4}c_3$$

$$c_{23}=c_{32}=\frac{(L_4-L_2)L_2}{L_4^2}c_2+\frac{(L_4-L_5)L_5}{L_4^2}c_3$$

$$c_{45}=c_{54}=-L_6c_4+L_7c_5$$

$$c_{46}=c_{64}=-\frac{L_{13}-L_9}{L_{13}}c_4-\frac{L_{11}}{L_{13}}c_5$$

$$c_{47}=c_{74}=-\frac{L_9}{L_{13}}c_4-\frac{L_{13}-L_{11}}{L_{13}}c_5$$

$$c_{56}=c_{65}=\frac{(L_{13}-L_9)L_6}{L_{13}}c_4-\frac{L_{11}L_7}{L_{13}}c_5$$

$$c_{57}=c_{75}=\frac{L_9L_6}{L_{13}}c_4-\frac{(L_{13}-L_{11})L_7}{L_{13}}c_5$$

$$c_{67}=c_{76}=\frac{(L_{13}-L_9)L_9}{L_{13}^2}c_4+\frac{(L_{13}-L_{11})L_{11}}{L_{13}^2}c_5-\frac{(L_{13}+L_8)L_8}{L_{13}^2}c_6-\frac{(L_{13}+L_{12})L_{12}}{L_{13}^2}c_7$$

各子结构阻尼系数可根据经验获取，阻尼矩阵 $\boldsymbol{C}$ 中的其余元素都等于零。

可得阻尼矩阵 $\boldsymbol{C}$ 为

$$\boldsymbol{C}=\begin{bmatrix} c_{11} & c_{12} & c_{13} & 0 & 0 & 0 & 0 \\ c_{21} & c_{22} & c_{23} & 0 & 0 & 0 & 0 \\ c_{31} & c_{32} & c_{33} & 0 & 0 & 0 & 0 \\ 0 & 0 & 0 & c_{44} & c_{45} & c_{46} & c_{47} \\ 0 & 0 & 0 & c_{54} & c_{55} & c_{56} & c_{57} \\ 0 & 0 & 0 & c_{64} & c_{65} & c_{66} & c_{67} \\ 0 & 0 & 0 & c_{74} & c_{75} & c_{76} & c_{77} \end{bmatrix} \tag{4-69}$$

可见，曲轴磨床振动系统运动微分方程中的质量矩阵 $\boldsymbol{M}$、刚度矩阵 $\boldsymbol{K}$ 和阻尼矩阵 $\boldsymbol{C}$ 都是对称矩阵，但都不是对角矩阵，即同时存在惯性耦合、弹性耦合和阻尼耦合。通过坐标变换建立模态方程，能更容易地求解运动微分方程组。

表 4-1 各子结构质量 kg

符号	m_1	m_2	m_3	m_4	m_5	m_6	m_7	m_8
名称	砂轮架	砂轮	带轮	砂轮轴	工件	头架	尾架	工作台
实测值	1273	90.5	46.6	52.4	36	788	733	1680

表 4-2 各子结构刚度 kgf❶/μm

符号	k_1	k_2	k_3	k_4	k_5	k_6	k_7	k_8
名称	进给机构	主轴前支撑	主轴后支撑	工件左夹持部	工件右夹持部	工作台-床身左	工作台-床身右	磨削点
实测值	5.9	19.3	34.3	1.2	0.69	8.4	15.3	0.66

❶ kgf（千克力）为非法定计量单位，1kgf=9.8N。

表 4-3　各子结构几何尺寸　cm

符号	L_1	L_2	L_3	L_4	L_5	L_6	L_7	L_8	L_9	L_{10}	L_{11}	L_{12}	L_{13}
数值	54.5	15	42.5	85.6	16.1	71.5	70.7	9.5	31.5	106	30.75	17	204.5

表 4-4　转动惯量　$kgf \cdot s^2 \cdot cm$

符号	J_1	J_2	J_3
名称	砂轮轴	工件	工作台
实测值	44.5	17	2.28×10^4

注：程序计算时以上所有参数都要转换成国际单位制。

4.6.2　七自由度曲轴磨床系统模态参数 MATLAB App 仿真

【仿真 4-13】　如图 4-24 所示曲轴磨床七自由度线性振动系统，已知参数见表 4-1～表 4-4。建立七自由度曲轴磨床振动系统模态参数 MATLAB App 仿真。

（1）MATLAB App 窗口设计

七自由度曲轴磨床振动系统模态参数 MATLAB App 仿真窗口，如图 4-25 所示。

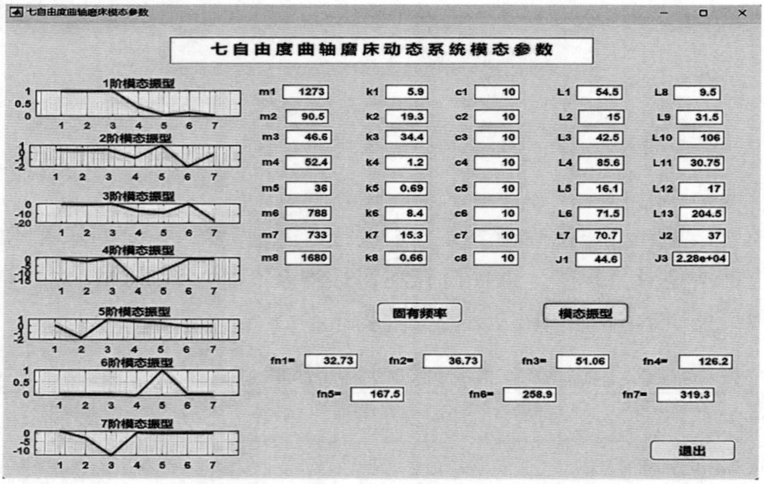

图 4-25　七自由度曲轴磨床振动系统模态参数 MATLAB App 仿真

（2）MATLAB App 窗口程序设计（appLU_Exam4_13）

① 私有属性创建：

```
properties(Access=private)
  % 私有属性具体含义见程序
  m1;m2;m3;m4;m5;m6;m7;m8;J1;J2;J3;
  k1;k2;k3;k4;k5;k6;k7;k8;c1;c2;c3;c4;c5;c6;c7;c8;
  L1;L2;L3;L4;L5;L6;L7;L8;L9;L10;L11;L12;L13;
  Q;D;
```

```
end
```

② 设置窗口启动回调函数：

```
% 程序启动屏蔽如下按钮
app.Button_2.Enable='off';                              % 屏蔽【模态振型】
```

③【固有频率】回调函数：

```
app.m1=app.m1EditField.Value;                           % m1-质量
m1=app.m1;
app.m2=app.m2EditField.Value;                           % m2-质量
m2=app.m2;
app.m3=app.m3EditField_2.Value;                         % m3-质量
m3=app.m3;
app.m4=app.m4EditField.Value;                           % m4-质量
m4=app.m4;
app.m5=app.m5EditField.Value;                           % m5-质量
m5=app.m5;
app.m6=app.m6EditField.Value;                           % m6-质量
m6=app.m6;
app.m7=app.m7EditField.Value;                           % m7-质量
m7=app.m7;
app.m8=app.m8EditField.Value;                           % m8-质量
m8=app.m8;
app.J1=app.J1EditField.Value;                           % J1-转动惯量
J1=app.J1;
J1=J1*9.8*10^(-2);                                      % 国际单位制
app.J2=app.J2EditField.Value;                           % J2-转动惯量
J2=app.J2;
J2=J2*9.8*10^(-2);                                      % 国际单位制
app.J3=app.J3EditField.Value;                           % J3-转动惯量
J3=app.J3;
J3=J3*9.8*10^(-2);                                      % 国际单位制
app.k1=app.k1EditField.Value;                           % k1-结构刚度
k1=app.k1;
k1=k1*9.8*10^6;                                         % 国际单位制
app.k2=app.k2EditField_2.Value;                         % k2-结构刚度
k2=app.k2;
k2=k2*9.8*10^6;                                         % 国际单位制
app.k3=app.k3EditField_2.Value;                         % k3-结构刚度
k3=app.k3;
k3=k3*9.8*10^6;                                         % 国际单位制
```

```
app. k4=app. k4EditField_2. Value;                              % k4-结构刚度
k4=app. k4;
k4=k4 * 9. 8 * 10^6;                                            % 国际单位制
app. k5=app. k5EditField. Value;                                % k5-结构刚度
k5=app. k5;
k5=k5 * 9. 8 * 10^6;                                            % 国际单位制
app. k6=app. k6EditField. Value;                                % k6-结构刚度
k6=app. k6;
k6=k6 * 9. 8 * 10^6;                                            % 国际单位制
app. k7=app. k7EditField. Value;                                % k7-结构刚度
k7=app. k7;
k7=k7 * 9. 8 * 10^6;                                            % 国际单位制
app. k8=app. k8EditField. Value;                                % k8-结构刚度
k8=app. k8;
k8=k8 * 9. 8 * 10^6;                                            % 国际单位制
app. c1=app. c1EditField. Value;                                % c1-阻尼系数
c1=app. c1;
app. c2=app. c2EditField_2. Value;                              % c2-阻尼系数
c2=app. c2;
app. c3=app. c3EditField_2. Value;                              % c3-阻尼系数
c3=app. c3;
app. c4=app. c4EditField_2. Value;                              % c4-阻尼系数
c4=app. c4;
app. c5=app. c5EditField. Value;                                % c5-阻尼系数
c5=app. c5;
app. c6=app. c6EditField. Value;                                % c6-阻尼系数
c6=app. c6;
app. c7=app. c7EditField. Value;                                % c7-阻尼系数
c7=app. c7;
app. c8=app. c8EditField. Value;                                % c8-阻尼系数
c8=app. c8;
app. L1=app. L1EditField. Value;                                % L1-床身尺寸
L1=app. L1;
L1=L1/100;                                                      % 国际单位制
app. L2=app. L2EditField. Value;                                % L2-床身尺寸
L2=app. L2;
L2=L2/100;                                                      % 国际单位制
app. L3=app. L3EditField. Value;                                % L3-床身尺寸
L3=app. L3;
L3=L3/100;                                                      % 国际单位制
```

```
app.L4=app.L4EditField.Value;                    % L4-床身尺寸
L4=app.L4;
L4=L4/100;                                        % 国际单位制
app.L5=app.L5EditField.Value;                    % L5-床身尺寸
L5=app.L5;
L5=L5/100;                                        % 国际单位制
app.L6=app.L6EditField.Value;                    % L6-床身尺寸
L6=app.L6;
L6=L6/100;                                        % 国际单位制
app.L7=app.L7EditField.Value;                    % L7-床身尺寸
L7=app.L7;
L7=L7/100;                                        % 国际单位制
app.L8=app.L8EditField.Value;                    % L8-床身尺寸
L8=app.L8;
L8=L8/100;                                        % 国际单位制
app.L9=app.L9EditField.Value;                    % L9-床身尺寸
L9=app.L9;
L9=L9/100;                                        % 国际单位制
app.L10=app.L10EditField.Value;                  % L10-床身尺寸
L10=app.L10;
L10=L10/100;                                      % 国际单位制
app.L11=app.L11EditField.Value;                  % L11-床身尺寸
L11=app.L11;
L11=L11/100;                                      % 国际单位制
app.L12=app.L12EditField.Value;                  % L12-床身尺寸
L12=app.L12;
L12=L12/100;                                      % 国际单位制
app.L13=app.L13EditField.Value;                  % L13-床身尺寸
L13=app.L13;
L13=L13/100;                                      % 国际单位制
% 质量矩阵
m11=m1;
m22=m2+((L4-L3)/L4)^2*m4+J1/(L4*L4);
m33=m3+(L3/L4)^2*m4+J1/(L4*L4);
m44=m5;
m55=J2;
m66=m6+((L13-L10)/L13)^2*m8+J3/(L13*L13);
m77=m7+(L10/L13)^2*m8+J3/(L13*L13);
m23=((L4-L3)*L3/(L4*L4))*m4-J1/(L4*L4);
m32=m23;
```

```
m67=((L13-L10)*L10/(L13*L13))*m8-J3/(L13*L13);
m76=m67;
M=[m11 0 0 0 0 0 0;...
    0 m22 m23 0 0 0 0;...
    0 m32 m33 0 0 0 0;...
    0 0 0 m44 0 0 0;...
    0 0 0 0 m55 0 0;...
    0 0 0 0 0 m66 m67;...
    0 0 0 0 0 m76 m77];
% 刚度矩阵
k11=k1+k2+k3;
k22=((L4-L2)/L4)^2*k2+(L5/L4)^2*k3+k8;
k33=(L2/L4)^2*k2+((L4-L5)/L4)^2*k3;
k44=k4+k5+k8;
k55=L6*L6*k4+L7*L7*k5;
k66=((L13-L9)/L13)^2*k4+(L11/L13)^2*k5+((L13+L8)/L13)^2*k6+(L12/L13)^2*k7;
k77=(L9/L13)^2*k4+((L13-L11)/L13)^2*k5+(L8/L13)^2*k6+((L13+L12)/L13)^2*k7;
k12=-((L4-L2)/L4)*k2-(L5/L4)*k3;
k21=k12;
k13=-(L2/L4)*k2-((L4-L5)/L4)*k3;
k31=k13;
k23=((L4-L2)*L2/(L4*L4))*k2+((L4-L5)*L5/(L4*L4))*k3;
k32=k23;
k24=-k8;
k42=k24;
k45=-L6*k4+L7*k5;
k54=k45;
k46=-((L13-L9)/L13)*k4-(L11/L13)*k5;
k64=k46;
k47=-(L9/L13)*k4-((L13-L11)/L13)*k5;
k74=k47;
k56=((L13-L9)*L6/L13)*k4-(L11*L7/L13)*k5;
k65=k56;
k57=(L9*L6/L13)*k4-((L13-L11)*L7/L13)*k5;
k75=k57;
k67=((L13-L9)*L9/(L13*L13))*k4+((L13-L11)*L11/(L13*L13))*k5-((L13+L8)*L8/
(L13*L13))*k6-((L13+L12)*L12/(L13*L13))*k7;
k76=k67;
K=[k11 k12 k13 0 0 0 0;...
   k21 k22 k23 k24 0 0 0;...
```

```
    k31 k32 k33 0 0 0 0;...
    0 k42 0 k44 k45 k46 k47;...
    0 0 0 k54 k55 k56 k57;...
    0 0 0 k64 k65 k66 k67;...
    0 0 0 k74 k75 k76 k77];
% 阻尼矩阵
c11=c1+c2+c3;
c22=((L4-L2)/L4)^2*c2+(L5/L4)^2*c3;
c33=(L2/L4)^2*c2+((L4-L5)/L4)^2*c3;
c44=c4+c5;
c55=L6*L6*c4+L7*L7*c5;
c66=((L13-L9)/L13)^2*c4+(L11/L13)^2*c5+((L13+L8)/L13)^2*c6+(L12/L13)^2*c7;
c77=(L9/L13)^2*c4+((L13-L11)/L13)^2*c5+(L8/L13)^2*c6+((L13+L12)/L13)^2*c7;
c12=-((L4-L2)/L4)*c2-(L5/L4)*c3;
c21=c12;
c13=-(L2/L4)*c2-((L4-L5)/L4)*c3;
c31=c13;
c23=((L4-L2)*L2/(L4*L4))*c2+((L4-L5)*L5/(L4*L4))*c3;
c32=c23;
c45=-L6*c4+L7*c5;
c54=c45;
c46=-((L13-L9)/L13)*c4-(L11/L13)*c5;
c64=c46;
c47=-(L9/L13)*c4-((L13-L11)/L13)*c5;
c74=c47;
c56=((L13-L9)*L6/L13)*c4-(L11*L7/L13)*c5;
c65=c56;
c57=(L9*L6/L13)*c4-((L13-L11)*L7/L13)*c5;
c75=c57;
c67=((L13-L9)*L9/(L13*L13))*c4+((L13-L11)*L11/(L13*L13))*c5-((L13+L8)*L8/
(L13*L13))*c6-((L13+L12)*L12/(L13*L13))*c7;
c76=c67;
C=[c11 c12 c13 0 0 0 0;...
    c21 c22 c23 0 0 0 0;...
    c31 c32 c33 0 0 0 0;...
    0 0 0 c44 c45 c46 c47;...
    0 0 0 c54 c55 c56 c57;...
    0 0 0 c64 c65 c66 c67;...
    0 0 0 c74 c75 c76 c77];
H=inv(M)*K;                              % H的维数取决于M,K
```

```
[A,d]=eig(H);                              % 特征值 d 和特征向量 A
n=size(H);                                 % n 的维数与 H 的相同
for i=1:n
w(i)=d(i,i);                               % 对角线为固有角频率的平方
A(:,i)=A(:,i)/A(1,i);                      % 矩阵 A 各列对第一行元素进行归一化,获得各阶主振型
end
for j=1:n-1
for i=j+1:n
if w(j)>w(i)
t=w(i);
w(i)=w(j);                                 % 对固有角频率进行由大到小的排序
w(j)=t;
q=A(:,i);
A(:,i)=A(:,j);                             % 对应各自固有角频率和主振型进行排序
A(:,j)=q;
end;end;end
fn=sqrt(w)/2/pi;                           % 求出 7 个固有频率(Hz)
app.Q=A;app.D=d;                           % 模态振型私有属性
%7 个固有频率显示在 App 界面上
app.fn1EditField.Value=fn(1);
app.fn2EditField.Value=fn(2);
app.fn3EditField.Value=fn(3);
app.fn4EditField.Value=fn(4);
app.fn5EditField.Value=fn(5);
app.fn6EditField.Value=fn(6);
app.fn7EditField.Value=fn(7);
app.Button_2.Enable='on';                  % 开启【模态振型】
```

④【模态振型】回调函数:

```
Q=app.Q;D=app.D;                           % 私有属性
X1=Q(:,1)./max(Q(:,1));
X2=Q(:,2)./max(Q(:,2));
X3=Q(:,3)./max(Q(:,3));
X4=Q(:,4)./max(Q(:,4));
X5=Q(:,5)./max(Q(:,5));
X6=Q(:,6)./max(Q(:,6));
X7=Q(:,7)./max(Q(:,7));
cla(app.UIAxes_1);cla(app.UIAxes_2);cla(app.UIAxes_3);cla(app.UIAxes_4)
plot(app.UIAxes_1,[1 2 3 4 5 6 7],X1(:,1),'b','LineWidth',2)        % 1 阶模态振型
title(app.UIAxes_1,'1 阶模态振型')
plot(app.UIAxes_2,[1 2 3 4 5 6 7],X2(:,1),'b','LineWidth',2)        % 2 阶模态振型
```

```
title(app.UIAxes_2,'2阶模态振型')
plot(app.UIAxes_3,[1 2 3 4 5 6 7],X3(:,1),'b','LineWidth',2)          % 3阶模态振型
title(app.UIAxes_3,'3阶模态振型')
plot(app.UIAxes_4,[1 2 3 4 5 6 7],X4(:,1),'b','LineWidth',2)          % 4阶模态振型
title(app.UIAxes_4,'4阶模态振型')
plot(app.UIAxes_5,[1 2 3 4 5 6 7],X5(:,1),'b','LineWidth',2)          % 5阶模态振型
title(app.UIAxes_5,'5阶模态振型')
plot(app.UIAxes_6,[1 2 3 4 5 6 7],X6(:,1),'b','LineWidth',2)          % 6阶模态振型
title(app.UIAxes_6,'6阶模态振型')
plot(app.UIAxes_7,[1 2 3 4 5 6 7],X7(:,1),'b','LineWidth',2)          % 7阶模态振型
title(app.UIAxes_7,'7阶模态振型')
```

⑤【退出】回调函数：

```
sel=questdlg('确认关闭应用程序? ','关闭确认,','Yes','No','No');
switch sel
case'Yes'
delete(app)
case'No'
end
```

4.6.3 七自由度曲轴磨床系统幅频特性 MATLAB App 仿真

【仿真 4-14】 如图 4-24 所示曲轴磨床七自由度线性振动系统，已知参数见表 4-1～表 4-4。建立七自由度曲轴磨床振动系统幅频特性 MATLAB App 仿真。

（1）MATLAB App 窗口设计

七自由度曲轴磨床振动系统幅频特性 MATLAB App 仿真窗口，如图 4-26 所示。

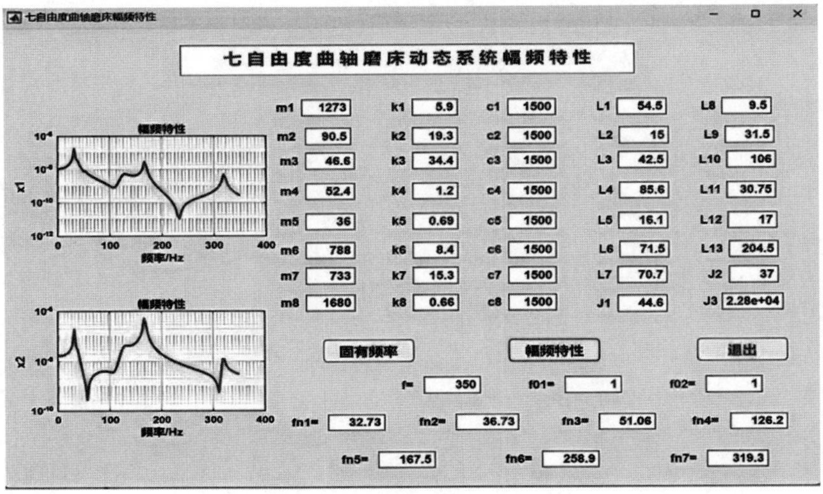

图 4-26　七自由度曲轴磨床振动系统幅频特性 MATLAB App 仿真

（2）MATLAB App窗口程序设计（appLU_Exam4_14）

① 私有属性创建：

```
properties(Access=private)
% 私有属性具体含义见程序
  m1;m2;m3;m4;m5;m6;m7;m8;J1;J2;J3;
  k1;k2;k3;k4;k5;k6;k7;k8;c1;c2;c3;c4;c5;c6;c7;c8;
  L1;L2;L3;L4;L5;L6;L7;L8;L9;L10;L11;L12;L13;
  Q;D;M;C;K;f;f01;f02;
end
```

② 设置窗口启动回调函数：

```
app.Button_2.Enable='off';                              % 屏蔽【幅频特性】
```

③【固有频率】回调函数：

```
app.m1=app.m1EditField.Value;                           % m1-质量
m1=app.m1;
app.m2=app.m2EditField.Value;                           % m2-质量
m2=app.m2;
app.m3=app.m3EditField_2.Value;                         % m3-质量
m3=app.m3;
app.m4=app.m4EditField.Value;                           % m4-质量
m4=app.m4;
app.m5=app.m5EditField.Value;                           % m5-质量
m5=app.m5;
app.m6=app.m6EditField.Value;                           % m6-质量
m6=app.m6;
app.m7=app.m7EditField.Value;                           % m7-质量
m7=app.m7;
app.m8=app.m8EditField.Value;                           % m8-质量
m8=app.m8;
app.J1=app.J1EditField.Value;                           % J1-转动惯量
J1=app.J1;
J1=J1*9.8*10^(-2);                                      % 国际单位制
app.J2=app.J2EditField.Value;                           % J2-转动惯量
J2=app.J2;
J2=J2*9.8*10^(-2);                                      % 国际单位制
app.J3=app.J3EditField.Value;                           % J3-转动惯量
J3=app.J3;
J3=J3*9.8*10^(-2);                                      % 国际单位制
app.k1=app.k1EditField.Value;                           % k1-结构刚度
```

```
k1=app.k1;
k1=k1*9.8*10^6;                            % 国际单位制
app.k2=app.k2EditField_2.Value;            % k2-结构刚度
k2=app.k2;
k2=k2*9.8*10^6;                            % 国际单位制
app.k3=app.k3EditField_2.Value;            % k3-结构刚度
k3=app.k3;
k3=k3*9.8*10^6;                            % 国际单位制
app.k4=app.k4EditField_2.Value;            % k4-结构刚度
k4=app.k4;
k4=k4*9.8*10^6;                            % 国际单位制
app.k5=app.k5EditField.Value;              % k5-结构刚度
k5=app.k5;
k5=k5*9.8*10^6;                            % 国际单位制
app.k6=app.k6EditField.Value;              % k6-结构刚度
k6=app.k6;
k6=k6*9.8*10^6;                            % 国际单位制
app.k7=app.k7EditField.Value;              % k7-结构刚度
k7=app.k7;
k7=k7*9.8*10^6;                            % 国际单位制
app.k8=app.k8EditField.Value;              % k8-结构刚度
k8=app.k8;
k8=k8*9.8*10^6;                            % 国际单位制
app.c1=app.c1EditField.Value;              % c1-阻尼系数
c1=app.c1;
app.c2=app.c2EditField_2.Value;            % c2-阻尼系数
c2=app.c2;
app.c3=app.c3EditField_2.Value;            % c3-阻尼系数
c3=app.c3;
app.c4=app.c4EditField_2.Value;            % c4-阻尼系数
c4=app.c4;
app.c5=app.c5EditField.Value;              % c5-阻尼系数
c5=app.c5;
app.c6=app.c6EditField.Value;              % c6-阻尼系数
c6=app.c6;
app.c7=app.c7EditField.Value;              % c7-阻尼系数
c7=app.c7;
app.c8=app.c8EditField.Value;              % c8-阻尼系数
c8=app.c8;
app.L1=app.L1EditField.Value;              % L1-床身尺寸
```

```
L1=app.L1;
L1=L1/100;                                    % 国际单位制
app.L2=app.L2EditField.Value;                 % L2-床身尺寸
L2=app.L2;
L2=L2/100;                                    % 国际单位制
app.L3=app.L3EditField.Value;                 % L3-床身尺寸
L3=app.L3;
L3=L3/100;                                    % 国际单位制
app.L4=app.L4EditField.Value;                 % L4-床身尺寸
L4=app.L4;
L4=L4/100;                                    % 国际单位制
app.L5=app.L5EditField.Value;                 % L5-床身尺寸
L5=app.L5;
L5=L5/100;                                    % 国际单位制
app.L6=app.L6EditField.Value;                 % L6-床身尺寸
L6=app.L6;
L6=L6/100;                                    % 国际单位制
app.L7=app.L7EditField.Value;                 % L7-床身尺寸
L7=app.L7;
L7=L7/100;                                    % 国际单位制
app.L8=app.L8EditField.Value;                 % L8-床身尺寸
L8=app.L8;
L8=L8/100;                                    % 国际单位制
app.L9=app.L9EditField.Value;                 % L9-床身尺寸
L9=app.L9;
L9=L9/100;                                    % 国际单位制
app.L10=app.L10EditField.Value;               % L10-床身尺寸
L10=app.L10;
L10=L10/100;                                  % 国际单位制
app.L11=app.L11EditField.Value;               % L11-床身尺寸
L11=app.L11;
L11=L11/100;                                  % 国际单位制
app.L12=app.L12EditField.Value;               % L12-床身尺寸
L12=app.L12;
L12=L12/100;                                  % 国际单位制
app.L13=app.L13EditField.Value;               % L13-床身尺寸
L13=app.L13;
L13=L13/100;                                  % 国际单位制
app.f=app.fEditField.Value;                   % f-频率范围(Hz)
f=app.f;
```

```
app.f01=app.f01EditField.Value;                    % f01-简谐力输入
f01=app.f01;
app.f02=app.f02EditField.Value;                    % f02-简谐力输入
f02=app.f02;
m11=m1;
m22=m2+((L4-L3)/L4)^2*m4+J1/(L4*L4);
m33=m3+(L3/L4)^2*m4+J1/(L4*L4);
m44=m5;
m55=J2;
m66=m6+((L13-L10)/L13)^2*m8+J3/(L13*L13);
m77=m7+(L10/L13)^2*m8+J3/(L13*L13);
m23=((L4-L3)*L3/(L4*L4))*m4-J1/(L4*L4);
m32=m23;
m67=((L13-L10)*L10/(L13*L13))*m8-J3/(L13*L13);
m76=m67;
% 质量矩阵
M=[m11 0 0 0 0 0 0;...
   0 m22 m23 0 0 0 0;...
   0 m32 m33 0 0 0 0;...
   0 0 0 m44 0 0 0;...
   0 0 0 0 m55 0 0;...
   0 0 0 0 0 m66 m67;...
   0 0 0 0 0 m76 m77];
k11=k1+k2+k3;
k22=((L4-L2)/L4)^2*k2+(L5/L4)^2*k3+k8;
k33=(L2/L4)^2*k2+((L4-L5)/L4)^2*k3;
k44=k4+k5+k8;
k55=L6*L6*k4+L7*L7*k5;
k66=((L13-L9)/L13)^2*k4+(L11/L13)^2*k5+((L13+L8)/L13)^2*k6+(L12/L13)^2*k7;
k77=(L9/L13)^2*k4+((L13-L11)/L13)^2*k5+(L8/L13)^2*k6+((L13+L12)/L13)^2*k7;
k12=-((L4-L2)/L4)*k2-(L5/L4)*k3;
k21=k12;
k13=-(L2/L4)*k2-((L4-L5)/L4)*k3;
k31=k13;
k23=((L4-L2)*L2/(L4*L4))*k2+((L4-L5)*L5/(L4*L4))*k3;
k32=k23;
k24=-k8;
k42=k24;
k45=-L6*k4+L7*k5;
k54=k45;
```

```
k46=-((L13-L9)/L13)*k4-(L11/L13)*k5;
k64=k46;
k47=-(L9/L13)*k4-((L13-L11)/L13)*k5;
k74=k47;
k56=((L13-L9)*L6/L13)*k4-(L11*L7/L13)*k5;
k65=k56;
k57=(L9*L6/L13)*k4-((L13-L11)*L7/L13)*k5;
k75=k57;
k67=((L13-L9)*L9/(L13*L13))*k4+((L13-L11)*L11/(L13*L13))*k5-((L13+L8)*L8/(L13*L13))*k6-((L13+L12)*L12/(L13*L13))*k7;
k76=k67;
% 刚度矩阵
K=[k11 k12 k13 0 0 0 0;...
    k21 k22 k23 k24 0 0 0;...
    k31 k32 k33 0 0 0 0;...
    0 k42 0 k44 k45 k46 k47;...
    0 0 0 k54 k55 k56 k57;...
    0 0 0 k64 k65 k66 k67;...
    0 0 0 k74 k75 k76 k77];
c11=c1+c2+c3;
c22=((L4-L2)/L4)^2*c2+(L5/L4)^2*c3;
c33=(L2/L4)^2*c2+((L4-L5)/L4)^2*c3;
c44=c4+c5;
c55=L6*L6*c4+L7*L7*c5;
c66=((L13-L9)/L13)^2*c4+(L11/L13)^2*c5+((L13+L8)/L13)^2*c6+(L12/L13)^2*c7;
c77=(L9/L13)^2*c4+((L13-L11)/L13)^2*c5+(L8/L13)^2*c6+((L13+L12)/L13)^2*c7;
c12=-((L4-L2)/L4)*c2-(L5/L4)*c3;
c21=c12;
c13=-(L2/L4)*c2-((L4-L5)/L4)*c3;
c31=c13;
c23=((L4-L2)*L2/(L4*L4))*c2+((L4-L5)*L5/(L4*L4))*c3;
c32=c23;
c45=-L6*c4+L7*c5;
c54=c45;
c46=-((L13-L9)/L13)*c4-(L11/L13)*c5;
c64=c46;
c47=-(L9/L13)*c4-((L13-L11)/L13)*c5;
c74=c47;
c56=((L13-L9)*L6/L13)*c4-(L11*L7/L13)*c5;
c65=c56;
```

```
c57=(L9*L6/L13)*c4-((L13-L11)*L7/L13)*c5;
c75=c57;
c67=((L13-L9)*L9/(L13*L13))*c4+((L13-L11)*L11/(L13*L13))*c5-((L13+L8)*L8/(L13*L13))*c6-((L13+L12)*L12/(L13*L13))*c7;
c76=c67;
%阻尼矩阵
C=[c11 c12 c13 0 0 0 0;...
    c21 c22 c23 0 0 0 0;...
    c31 c32 c33 0 0 0 0;...
    0 0 0 c44 c45 c46 c47;...
    0 0 0 c54 c55 c56 c57;...
    0 0 0 c64 c65 c66 c67;...
    0 0 0 c74 c75 c76 c77];
H=inv(M)*K;                          %H的维数取决于M,K
[A,d]=eig(H);                        %计算特征值d和特征向量A
n=size(H);                           %n的维数与H的相同
for i=1:n
w(i)=d(i,i);                         %对角线元素为固有角频率的平方
A(:,i)=A(:,i)/A(1,i);                %矩阵A各列对第一行元素进行归一化,获得各阶主振型
end
for j=1:n-1
for i=j+1:n
if w(j)> w(i)
t=w(i);
w(i)=w(j);                           %对固有角频率进行由大到小的排序
w(j)=t;
q=A(:,i);
A(:,i)=A(:,j);                       %对应各自固有角频率和主振型进行排序
A(:,j)=q;
end;end;end
fn=sqrt(w)/2/pi;                     %求出7个固有频率(Hz)
app.Q=A;                             %模态振型私有属性
app.D=d;                             %模态振型私有属性
%7个固有频率显示在App界面上
app.fn1EditField.Value=fn(1);
app.fn2EditField.Value=fn(2);
app.fn3EditField.Value=fn(3);
app.fn4EditField.Value=fn(4);
app.fn5EditField.Value=fn(5);
```

```
app.fn6EditField.Value=fn(6);
app.fn7EditField.Value=fn(7);
app.Button_2.Enable='on';                                         % 开启【幅频特性】
```

④【幅频特性】回调函数：

```
Q=app.Q;D=app.D;M=app.M;                                          % 私有属性
C=app.C;K=app.K;f=app.f;                                          % 私有属性
c1=app.c1;c2=app.c2;c3=app.c3;                                    % 私有属性
f01=app.f01;f02=app.f02;                                          % 私有属性
omega=f*2*pi;                                                     % 频率范围(rad/s)
cla(app.UIAxes1);
cla(app.UIAxes2)
omega1=linspace(0,omega,100);                                     % omega取100个点
f=[0;f01;0;-f02;0;0;0];                                           % 系统输入
for kk=1:2
for n=1:length(omega1)
w=omega1(n);
i=sqrt(-1);
u=inv(K-M*w^2+i*C*w)*f;                                           % 解微分方程
X1(n)=abs(u(1));
X2(n)=abs(u(2));
end
% x1砂轮架振动位移
if kk==1
semilogy(app.UIAxes1,omega1/2/pi,X1,'b','linewidth',1.5)          % 绘制幅频特性上图
end
xlim(app.UIAxes1,[0 400])
xlabel(app.UIAxes1,'\bf 频率/Hz')
ylabel(app.UIAxes1,'x1')
title(app.UIAxes1,'幅频特性')
% x2砂轮振动位移
if kk==1
semilogy(app.UIAxes2,omega1/2/pi,X2,'b','linewidth',1.5)          % 绘制幅频特性下图
end
xlim(app.UIAxes2,[0 400])
xlabel(app.UIAxes2,'\bf 频率/Hz')
ylabel(app.UIAxes2,'x2')
title(app.UIAxes2,'幅频特性')
end
```

⑤【退出】回调函数：

```
sel=questdlg('确认关闭应用程序？ ','关闭确认,','Yes','No','No');
switch sel
case'Yes'
delete(app)
case'No'
end
```

参考文献

[1] 师汉民，黄其柏．机械振动系统：分析、建模、测试、对策：上册．3 版．武汉：华中科技大学出版社，2019.

[2] 师汉民，黄其柏．机械振动系统：分析、建模、测试、对策：下册．3 版．武汉：华中科技大学出版社，2019.

[3] 胡海岩．机械振动基础．2 版．北京：北京航空航天大学出版社，2022.

[4] RAO S S. 机械振动．4 版．李欣业，张明路，编译．北京：清华大学出版社，2009.

[5] 凯利．机械振动．贾启芬，刘习军，译．北京：科学出版社，2002.

[6] 李晓雷，俞德孚，孙逢春．机械振动基础．2 版．北京：北京理工大学出版社，2013.

[7] 毛崎波，吴锦武，李奕．机械振动分析．北京：机械工业出版社，2023.

[8] 王砚，黎明安，等．MATLAB/Simulink 动力学系统建模与仿真．北京：机械工业出版社，2019.

[9] 王砚，黎明安，等．MATLAB/Simulink 动力学系统建模与控制仿真实例分析．北京：机械工业出版社，2019.

[10] 敖文刚，杜力，黄勇刚，等．基于 MATLAB 的运动学、动力学过程分析与模拟．北京：科学出版社，2013.

[11] 鲍文博，白泉，陆海燕．振动力学基础与 MATLAB 应用．北京：清华大学出版社，2015.

[12] MAGRAB E B，等．MATLAB 原理与工程应用．高会生，李新叶，胡智奇，等译．北京：电子工业出版社，2006.

[13] 背户一登．动力吸振器及其应用．任明章，译．北京：机械工业出版社，2013.

[14] 余志生．汽车理论．6 版．北京：机械工业出版社，2018.

[15] 喻凡．车辆动力学及其控制．北京：机械工业出版社，2013.

[16] 王霄峰．汽车悬架和转向系统设计．北京：清华大学出版社，2022.

[17] DIXON J C. 减振器手册．李惠彬，孙振莲，金婷，译．北京：机械工业出版社，2011.

[18] 肖启瑞，樊明明．车辆工程仿真与分析：基于 MATLAB 的实现．北京：机械工业出版社，2012.

[19] 庞辉，杜进辅．汽车振动学：基于 MATLAB/Simulink 的分析与实现．北京：机械工业出版社，2024.

[20] 余胜威．MATLAB 车辆工程应用实战．北京：清华大学出版社，2014.

[21] 靳晓雄，张立军，江浩．汽车振动分析．上海：同济大学出版社，2002.

[22] 诸乃雄．机床动态设计原理与应用．上海：同济大学出版社，1987.

[23] 李德葆，陆秋海．实验模态分析及其应用．北京：科学出版社，2001.

[24] 海伦，拉门兹，萨斯．模态分析理论与试验．白化同，郭继忠，译．北京：北京理工大学出版社，2001.

[25] 张策．机械动力学．2 版．北京：高等教育出版社，2008.

[26] 廖伯瑜，周新民，尹志宏．现代机械动力学及其工程应用：建模、分析、仿真、修改、控制、优化．北京：机械工业出版社，2004.

[27] 吴成军．工程振动分析与控制基础．2 版．北京：机械工业出版社，2024.

[28] 多尔夫，毕晓普．现代控制系统（第十版）：英文版．北京：科学出版社，2008.

[29] 薛定宇．控制系统计算机辅助设计：MATLAB 语言与应用．4 版．北京：清华大学出版社，2022.

[30] 薛定宇，陈阳泉．高等应用数学问题的 MATLAB 求解．2 版．北京：清华大学出版社，2008.

[31] 张志涌．精通 MATLAB R2011a. 北京：北京航空航天大学出版社，2011.

[32] 谢中华，李国栋，刘焕进，等．MATLAB 从零到进阶．北京：北京航空航天大学出版社，2012.

[33] 罗华飞，邵斌，等．MATLAB GUI 设计学习手记．4 版．北京：北京航空航天大学出版社，2020.

[34] 王赫然．MATLAB 程序设计：重新定义科学计算工具学习方法．北京：清华大学出版社，2020.

[35] 苑伟民．MATLAB App Designer 从入门到实践．北京：人民邮电出版社，2022.

[36] 陆爽，蒋永华．MATLAB App Designer 33 个机械工程案例分析．北京：北京航空航天大学出版社，2022.

[37] 陆爽．机械设计基础案例 MATLAB App 编程实践．北京：北京航空航天大学出版社，2023.